水俣病を知っていますか

JN161021

高峰　武

岩波ブックレット No. 948

はじめに

実子が生きる世界

まずは、水俣病の第一号患者・田中実子《じっこ》について紹介したい。

一九五六年四月、田中実子と姉の静子《しずこ》が水俣市のチッソ付属病院に入院する。医師たちがこれまで経験したことのない症状だった。同病院の院長・細川一《はじめ》は五月一日、熊本県水俣保健所に、「原因不明の疾患が発生している」と報告する。水俣病の公式確認である。当時、実子は三歳の誕生日を目前にした二歳一一カ月、静子五歳だった。

それから六〇年。人で言えば暦が一巡りして還暦となる長い日々。姉の静子は亡くなったが、実子は懸命に命を刻んでいる。この間、原因究明があり、裁判があり、チッソと国、熊本県の責任は確定したが、実子の暮らしが変わることはない。

二〇一五年の暮れ。水俣市月浦坪谷《つきのうらつぼたん》の実子を訪ねた。

実子は、長姉の下田綾子とその夫の良雄と暮らす。綾子は一九九五年の政府解決策の対象者で、良雄も一度棄却されたが、行政不服審査を申し立てて逆転認定となった。

窓のすぐ下は水俣湾の入り江である。父親の義光は腕のいい船大工だった。妻アサヲとともにその後、認定患者となる。

ある日、静子が茶わんを落とすようになった。義光が怒ってたたく。それでも茶わんは持てない。田中一家の水俣病の始まりだった。

当時、綾子は中学一年だった。間もなく、静子、実子の姉妹は、院長の細川から、経済的な配慮もあって水俣市の避病院（伝染病棟）への転院を勧められる。母親のアサヲは二人の世話で忙しく、義光と交代で病院に見舞いに行った。病院から帰る時には消毒をいっぱいかけられ、このためバスには乗れず、鉄道の線路を歩いて帰ったが、列車が来れば土手に身を寄せ、やり過ごしたという。そのころのことを綾子は「猫の子のように肩を寄せ合って暮らした」と語る。

やがて、熊本市の藤崎台にある熊本大学の病院に移る。昔、軍が使っていた病院で廊下のドアもないような古さ。身の回りの世話は家族の仕事だった。そこで静子が亡くなり、実子は水俣市立病院の水俣病棟に戻った。ここで付き添ったのは綾子だった。そのころの実子はやっと歩けるようになった。と言っても、黙って廊下を歩くだけだったが、楽しそうな感じで、その姿を見ているだけで、綾子はうれしかった。

田中実子．父親の義光と母親のアサヲとともに．遺影は姉の静子（1976 年，熊本日日新聞社）

一九六五年ごろ、水俣市湯の児にできたリハビリセンターに入ったが、効果もなく自宅に帰った。それから一〇年ほど実子は落ち着いた生活が続いたが、義光が一九八七年に亡くなると、夜も眠らず、ご飯も食べなくなり、やせていったという。「勘は強いみたいです。悲しかったんでしょうね」と綾子は実子を思いやる。

その綾子も二〇〇九年に倒れ、脳血管障害で今は車いすの生活だ。

病者が病者を介護しているのだが、こうした家族の状況は、水俣病被害者の一家では珍しいことではない。

実子はこの六〇年、言葉を発することはないが、綾子たちとの間では、心の交流は確かにある。声をかければ時折、笑顔を見せる。立ち上がったり膝立ちしたりすることはあるが、ふいにぱたんと倒れてしまうので、下田夫婦にとって気が休まる日はない。訪ねた日も頭部を守るヘッドギアを付け、畳の上をひっきりなしに動いていた。一〇畳ほどが実子が生きている世界の広さだ。今も魚が好きで、特にアサ

田中実子（2015 年 12 月，熊本日日新聞社）

りが好物という。

身長は一四〇センチほど。体重は三〇キロ前後。二日間眠りっぱなしで一日起きっぱなし、あるいはその逆の日々。今は二四時間ヘルパーの介助も受けているが、それでも肉親としての気掛かりに変わりはない。

一九九二年に始まった水俣市主催の水俣病犠牲者慰霊式の会場は、実子が暮らす坪谷とは水俣湾を挟んだ向かい側の埋め立て地。式には毎年、環境大臣も熊本県知事も来るが、対岸で生きる実子のことに何人の人が思いをはせるだろうか。

一九七六年、公式確認から二〇年の水俣病の連載で、熊本日日新聞（五月一日付朝刊）は「童女のような二二歳」という見出しをつけて田中一家を紹介した。「静子はなぁ、おとなしか器量よしにしゅうて思うて、実子は実のあるよかおなごにしゅうてそれぞれ名前をつけてやったとです」。記事にある母親アサヲの言葉だ。しかし、母親のささやかな願いは水俣病に奪われた。

水俣病患者らがその思いの丈をぶつけた一九七〇年のチッソ株主総会。白装束の巡礼姿でご詠歌を歌いながら会場入りしたが、ご詠歌を先導したのが義光だった。田中家は水俣病一次訴訟の原告である。義光は証人として出廷したチッソの元水俣工場長・西田栄一への尋問でこう語りかけている。「あなたも、一度くらい私の家庭にきて、うちの子どもを見て、今後人間というものはこうして生きねばならないということを、よく勉強しなさい」

田中家の仏間に、七二歳で死んだ義光とやはり同じ年に六八歳で亡くなったアサヲの遺影があった。それに並んで、医師の原田正純《まさずみ》（二〇一二年、七七歳で死去）の写真。水俣病と半世紀以上にわたって向き合った原田が「大切な人」として、いつも気遣っていたのが実子だった。「この子を忘れてはならない」。それが原田の強い思いだった。原田がそう繰り返したのは、忘れている人が多いことの裏返しである。

実子の家を辞すと、対岸の天草の島々がくっきり見えた。水仙の白い花が入り江に揺れていた。少しずつ潮が満ちてくる。やがて実子の家の前もたっぷりとした海になることだろう。六〇年間、いやそれより前から変わることなくずっと続いてきた水俣の海の営みである。

水俣病は化学工場から海や川に排出されたメチル水銀化合物を、魚介類が直接エラや腸管から吸収、あるいはプランクトンなどの食物連鎖を通じて体内に蓄積、それを多食した人間の中で発生した中毒性の中枢神経疾患である。主な神経症状としては四肢末端優位の感覚障害（手足がしびれる）や求心性視野《しや》狭窄《きょうさく》（視野全体が狭くなる）、運動失調、構音障害（うまく話せない）などがあるが、症状は多彩である。初期の熊本水俣病では発病後三カ月以内に一六例が死亡、六カ月以内に四例が死亡している。死亡率は一九六五年時点で四四・三%だった。メチル水銀化合物の特徴は血液脳関門と血液胎盤関門を容易に通過することである。このため人の脳が障害を受け、胎児性水俣病の発生となった。

これから、実子が第一号患者となった水俣病の実像とは何かを考えていくが、水俣病は多面体である。向き合う角度で見える姿が違ってくる。ここでは、地元紙・熊本日日新聞の報道も紹介しながら、水俣病事件史をたどっていく。

水俣病を見る視点

また水俣病か。

こんな思いで、この本を手に取られた方も少なくないのではないか。

二〇一六年五月一日で公式確認から六〇年を迎える水俣病だが、あえて「水俣病を知っていますか」というタイトルにしたのは、どこまで私たちが水俣病についてその実像を知っているか、と思ったからだ。世界に例をみない健康破壊、環境破壊である水俣病だが、どんな歴史があったのか。今なお、多くの人たちが救済を求めているのはなぜか。こうしたことをどこまで私たちは知っているだろうか。

表1　公害健康被害補償法による認定者

	申請総数	認定者数	棄却者数	未処分
熊本県	21,720	1,758	12,646	422
鹿児島県	10,156	493	4,209	1,094
新潟県・新潟市	2,676	715	1,476	144
国	447	32	350	0
合計	34,999	2,998	18,681	1,660

注：いずれも 2020 年 4 月末現在.

表2　1995 年の政府解決策対象者

	一時金該当者数	保健手帳
熊本県	7,992	842
鹿児島県	2,361	345
新潟県	799	35
合計	11,152	1,222

注：保健手帳は療養費月額 7500 円.

表3　2009 年の水俣病特別措置法による対象者

	申請者総数	一時金該当者数	療養費該当者数	救済対象外数
熊本県	42,757	19,306	3,510	5,144
鹿児島県	19,971	11,127	2,418	4,428
新潟県	2,282	1,989	165	128
合計	65,010	32,422	6,093	9,700

※水俣病特措法の成立に伴い，2004 年の最高裁判決以降に制度化された医療費の自己負担分が補助される保健手帳から被害者手帳への切り換えが行われ，熊本県が 14,797 人，鹿児島県が 1,998 人，新潟県・市が 29 人，合計 16,824 人が対象となった.

まずは**表1～表3**を見ていただきたい。

「水俣病の被害者は何人ですか?」というこんな簡単な問い掛けにも、「それはですね」と言いながらこの三つの区別が必要になるといった具合だ。

説明すると、三つの救済制度のうち、①認定制度による対象者(表1)、②一九九五年の政府解決策の対象者(表2)、③二〇〇九年に成立した水俣病特別措置法による対象者(表3)である。①は公害健康被害補償法によって県知事などから認定された水俣病患者であり、二〇二〇年四月末日時点では二九六六人(熊本一七五八人、鹿児島四九三人、新潟七一五人)。これに国の審査会で認定された三二人が加わり、全体で二九九八人となる。②と③の対象者は水俣病とは認定されないが、水俣病に特徴的な症状を持つ人を対象にした制度である。表2が一時金二六〇万円を支給された一九九五年の政府解決策の対象者で、熊本七九九二人、鹿児島二三六一人、新潟七九九人、合計一万一一五二人である。表3が二〇〇九年に成立した水俣病特措法による一時金二一〇万円などの支給を受けた対象者で、熊本一万九三〇六人、鹿児島一万一一二七人、新潟一九八九人、合計三万二四二二人である。なぜ、こんな複雑なことになったのか。それは被害者側が望んだことではなく、もっぱら水俣病を引き起こした側がその時どきの事情で作り上げた制度によっている。

このほか、不知火患者会の裁判原告で合計二九九二人が特措法と同じ内容で和解している。このため、認定患者約三〇〇〇人のほか、一時金や医療費など何らかの形で「手当て」を受けている人が七万人を超えているという言い方もできる。

水俣病という鏡を通して見ると、私たちの社会のさまざまな素顔が見える。きちんと総括しないと、教訓も生まれない。事件を生んだ構造に対する真摯《しんし》な反省がなければ、悲劇は悲劇のまま終わる。

本書が水俣病を見る視点は二つある。一つは当時の物差し、その時にどうだったかである。もう一つは今から見た時にどうだったかという、現在の物差しである。当時の物差しだけでは、「あの時は仕方なかった」で終わってしまうことが多いからだ。

本書の前半は時系列を追って、後半は問題点を絞るような形で見ていきたい。また、時代を象徴する人物の紹介も行う。(敬称略、肩書は当時)

第一章　問題の始まり――予兆はあったのだ

水俣病は自然界から始まった。それに人間が気付いた時、既に当の人間の病気も始まっていた。

「猫てんかんで全滅」

一九五四年八月一日付の熊本日日新聞朝刊にこんな見出しの記事がある。

「猫てんかんで全滅　水俣市茂道《もどう》　ねずみの激増に悲鳴」

水俣病に関連した日本で初めての記事である。公式確認の二年前のことになる。当時、六ページしかなかった熊本日日新聞の三面の三段記事。

茂道は一二〇戸の漁村。六月初めごろから急に猫が狂い始め（地元では「ねこテンカン」と言っていた）、百余匹いた猫がほとんど全滅し、反対にねずみが急増、大威張りで荒らし回り、あわてた人々は各方面から猫をもらってきたが、これまた気が狂ったようにキリキリ舞いして死んでしまうので市に泣きついてきた……。

記事はおおよそこういうことを伝え、「この地区には水田がなく農薬の関係なども見られず、不思議がるやら気味悪がるやら」と加えている。

茂道はその後、水俣病患者多発地区となり、猫の被害を届けた漁師とその妻は水俣病と認定された。

短い記事だが、よく読むと幾つものヒントがある。まずは、茂道が漁村ということだ。そこで猫が死んでしまう、もらってきた猫もまた死ぬ。ということは、猫に原因があるのではなく、その土地に問題がありそうだ。猫が食するものは何か。まず浮かぶのは魚介類だろう。水田もないので農薬もどうやら関係なさそうだ。今から振り返れば、被害の拡大防止に多くの示唆を与えているのだが、これ以降、記事はない。

この時期、八代海（不知火海《しらぬい》）沿岸では鳥の落下や魚が浮くなどの自然界の異変が起きていた。何より、人への被害も起きていたことが後で分かる。

チッソ水俣工場の歴史は、工場排水による汚染と漁業被害の歴史でもあった。漁民と工場との紛争は大正時代から始まっている。一九二六(大正一五)年、それまで数年来チッソに補償を申し入れてきた水俣漁協は、困窮のため補償要求を取り下げ、代わりに永久に苦情を申し出ないという条件で、チッソから見舞金一五〇〇円を受け取っている。結局、その後も漁業権を放棄しては埋め立てを認め補償金をもらうことを繰り返す。

一九五二年、地元からの要望を受けて熊本県水産課係長の三好礼治が現地調査を行い、報告書で「排水に対しては必要によっては分析し成分を明確にしておくことが望ましい」と指摘した。この報告書には「工場排水処理状況」が添付され、そこには酢酸製造工程の原材料として「水銀」が明記されていたが、報告は埋もれてしまい、以降、報告書が原因究明や対策に生かされることはなかった。

公式確認

一九五六年五月一日。「はじめに」で紹介したよ

水俣市と八代海(不知火海)

うに水俣市月浦坪谷の田中姉妹の入院で「原因不明」の病気発生が公式に確認された。

一九五六年五月四日の日付で、水俣保健所長から熊本県衛生部長にあてた「水俣市字月浦附近に発生せる小児奇病について」と題する報告がある。

そこには田中静子の症状がこう書かれている。

「毎夜不眠となり泣き続け（中略）、症状は手及び足の強硬性また言語発音不明瞭であり、入院以来食餌をとらざるに依り鼻腔より栄養を摂取せしめあり」

県衛生部長への報告で特筆されるのは、タイトルにもあるように「小児奇病」となっていることだ。報告にも、田中姉妹の近所でも六歳の男児や七歳の女児、小学三年生に同様の症状があったり、死亡していたことが分かった、とある。

田中実子の家は、家の窓から魚が釣れるような海辺にあった。環境汚染によって真っ先に影響を受けるのは、自然と共に自然に依拠して暮らしている人たちである。そしてその中でも社会的弱者の子どもたち。水俣病は自然と共に暮らす弱者にまず現れたのである。しかも、それは食卓で起きていた。後に分かる有機水銀による水俣病の発生機序は、工場排水→海→プランクトン・エラなど→魚介類→人間という食物連鎖のサイクルとなるが、住民の立場からすれば、家族だんらんの食卓から悲惨な事件は始まったのである。

一九五六年という年は経済白書が「もはや戦後ではない」とうたった年である。これは一般には「戦後が終わった」という前向きなニュアンスで語られることが多いが、経済成長にとって戦後復興という頼るべき材料がなくなったという逆の意味だった。その後の高度成長の実現が、もともとの意味を離れて明るいイメージをもたせたのかもしれない。

一橋大学の学生だった石原慎太郎が「太陽の季節」で芥川賞を受賞し、日本が国連に加盟するそんな時代に、東京から遠く離れた熊本、その熊本からも遠く離れた南端の海沿いの町で水俣病が確認されたのである。この時、ダイレクトに東京とつながっていたのはチッソだった。

原因究明

原因不明の疾患の発生を受けて進められた対策は、

時系列的に言えばこうなる。

　五月二八日、水俣保健所、医師会、市立病院、チッソ付属病院、水俣市衛生課の五者からなる「水俣市奇病対策委員会」が発足。実態調査を行うとともに開業医のカルテが再点検され、アルコール中毒や脳卒中などの診断名が付けられていた三〇人の患者を同様の症状と確認し、①発生が一九五三年までさかのぼることができること、②患者が漁村に集中していること、③一家に何人も発生していること、などが分かった。官民挙げての素早い対応であった。

　八月三日、熊本県は熊本大学医学部に原因の究明を依頼した。

　一一月三日、熊本大学医学部研究班の第一回研究報告会があり、伝染性疾患の疑いが消えて、重金属中毒が疑われ、人への侵入経路は魚介類、汚染原因としてチッソ水俣工場の排水が注目されることになった。約半年で、化学物質に汚染された魚介類の摂取による発症、と絞り込んだことになる。

　一九五六年末時点での確認された患者は五四人に上り、うち一七人が死亡していた。死亡率の高さが際立っていた。


　初期対応の問題で指摘されることの一つが、差別、偏見に関することだろう。

　特定の地域で多数の患者が見つかったことから、まず伝染病の可能性が疑われ、消毒、殺虫剤散布が行われた。また生活に困窮する患者もいたことから公費で入院費を負担するために「疑似日本脳炎」という診断書で水俣市の伝染病舎に収容したケースもある。そのため、「水俣病＝伝染病」というイメージは残り、それが患者家族に対する差別に形を変えて引き継がれていったという指摘である。

　水俣病では、猫が重要な役割を果たしている。

　冒頭で紹介した「猫てんかん」の猫もそうだが、人為的な猫実験もあった。初めて成功したのは水俣保健所長の伊藤蓮雄だ。熊本大学医学部教授（病理学）の武内忠男から実験を依頼された伊藤は、保健所二階の所長室の隣室に七匹の猫を飼い、水俣湾の魚介類を与え続けた。最も早い猫は一週間で発症。遅い猫でも四〇日程度で発症した。また健康な猫を水俣市の茂道や湯堂《ゆどう》といった漁村で飼ってもらう試みもあったが、これらもすべて発症した。

「食品衛生法」適用せず

国立公衆衛生院、熊本大学医学部研究班、水俣保健所長などが参加する厚生省の厚生科学研究班の第一回研究報告会が開かれたのは一九五七年一月。同年三月には、「熊本県水俣地方に発生した奇病について」を厚生省に提出する。報告書は、①水俣湾において漁獲された魚介類の摂取による中毒、②汚染しているのはある種の化学物質ないし金属類と推測、③今後の研究方針としては、疫学、病理学、毒物学的究明が重要で、チッソ水俣工場の十分な実態調査を行いたい、などとしていた。

水俣湾の魚介類を食べたことによって起きる中毒との疑いが強まったことから、熊本県は、水俣湾の漁獲禁止の検討を始めた。

参考にしたのが、静岡県浜名湖のアサリ貝中毒事件だった。浜名湖では一九四二年と四九年に死者が出る中毒が発生、貝類の採取・販売・移動を禁止した。一九五〇年にも患者一二人が出ると、静岡県は食品衛生法の条文を示し、浜名湖内の該当区域の貝類(カキ、アサリ)の販売を禁止していた。

熊本県では、捕獲や摂食を禁じる知事告示を出す方針を決めて一九五七年八月、厚生省に食品衛生法の適用の可否を照会した。この時の状況を当時、熊本県の公衆衛生課長をしていた守住憲明はこう証言する(一九八四年、水俣病三次訴訟第一陣)。

「こんな重篤な中毒事件が発生したのは世界で初めて、前例がない。食品衛生法の適用が一県の感覚だけでいいものか、将来のこともあるので、厚生省に可否を確かめて適用すべきだ、というのが副知事の意見だった」

一九五七年九月。厚生省公衆衛生局長から熊本県知事への回答は「水俣湾内特定地域の魚介類のすべてが有毒化しているという明らかな根拠が認められないので、適用はできない」というものだった。

証拠を示すことは「不可能を強いるもの」というのが守住の受け止めだった。厚生省の言う通りにするには、水俣湾を締め切り、すべての魚介類をとって、すべてを猫に食べさせる実験が必要となる。それは不可能なことであった。

のちに、岡山大学大学院教授(疫学)の津田敏秀は、食中毒事件としてこの時点で魚介類の摂取をやめて被害調査をしていれば被害者は数百人にとどまった、と主張する。通常の食中毒では例えば「仕出し弁当を食べた」ということから対策が始まる。水俣湾で言えば「仕出し弁当」にあたるのが「魚介類」であった。通常の食中毒のように、「水俣病を水俣湾産の魚介類による集団食中毒事件」として見れば、漁獲禁止措置がとれたはずだという指摘だが、行政の動きはそうはならず、いわば、仕出し弁当の中の病原菌を探すことに焦点は移った。

なぜ食品衛生法は適用されなかったのか。広範囲という前例のなさ、チッソへの配慮などいくつもの背景が指摘されているが、漁獲禁止がなされなかったという事実だけが重く残った。

一方でチッソは一九五八年九月、水俣湾につながる百間排水路から、北側に遠く離れた水俣川河口の「八幡プール」に排水路を変更、このことが新たな患者の発生を見ることになった。汚染の拡大である。排水の希釈を狙ったとされるが、この排水路変更は一九八八年に最高裁で有罪が確定した、チッソ元社長・吉岡喜一と元工場長・西田栄一の二人が業務上過失致死傷罪に問われた水俣病刑事裁判で大きな決め手となった。排水はチッソがアセトアルデヒドの生産を止める一九六八年まで流され続けた。

有機水銀説

水俣病問題が大きな展開を見せるのは一九五九年に入ってからである。

同年七月、熊本大学の研究班は「水俣病の原因は水銀化合物、特に有機水銀であろうと考えるに至った」と正式発表する。

被害の拡大防止より、原因究明に論点が移ったような感がある中、原因物質としてセレン、マンガン、タリウムなどが挙がった。チッソ工場内の残滓《ざんし》や排水口の泥土からこの三種の重金属が高濃度に検出されていたからだが、しかし、これらは単独では水俣病特有の症状を再現することはできなかった。こうした中、病理学教授・武内忠男、第一内科助教授・徳臣晴比古らが、それぞれ有機水銀に迫っていた。

きっかけは、一九四〇年にイギリスのハンター、ラッセル両医師が書いた論文である。農薬工場の労働者がメチル水銀蒸気を吸い込み、劇症の中毒となった患者の症例報告だったが、そこでは、水俣で武内や徳臣らが直面していたのと同じ感覚障害、運動失調、視野狭窄などが報告されていた。また公衆衛生学教授・喜田村正次は水俣湾底土の水銀汚染が百間排水口泥土の二〇〇〇ｐｐｍ（湿重量）以上を最高に、排水口から遠ざかるに従って低下するデータを示し、水銀はチッソから排出されたものとした。

有機水銀説にようやくたどりついた研究班だが、現時点で見れば反省点も残した。チッソの非協力的な態度の中、原因究明を進めたが、例えば工学部や理学部といった分野との組織的な協働体制はできなかった。アセトアルデヒド製造工程で水銀を使う反応は広く知られた反応で、工学系の研究者の参加があればもっと早く有機水銀に到達したのではという指摘もある。その後の訴訟などでは、早くから有機水銀の生成を報告する論文が出されていたことが明るみに出た。一方で、研究班内部では医学部の各講座ごとに動物実験を競い合って繰り返すというような事態も続いた。こうした点は今後、新たな疾患と直面した時の貴重な教訓ともなろう。

「廃水停止は困る」

有機水銀説の発表で、チッソ水俣工場に向けられる目は一段と厳しくなった。

国会調査団が水俣入りし、熊本県知事・寺本広作が、水俣病の公式確認以来初めて水俣を訪れる。不知火海沿岸漁民は一一月二日、総決起大会を開いて排水浄化装置完成までの操業停止などを求めたが、チッソが団体交渉を拒否したため、漁民が工場に乱入して警官隊と衝突、一〇〇人を超す負傷者を出す事態となった。他方で、知事にチッソ操業継続を求める動きもあった。これについて、一九五九年一一月八日付の熊本日日新聞の記事を基に考えてみたい。

記事は、水俣の人たちが県知事・寺本に陳情に行ったことを伝えるもので、見出しの通り、「水俣工場の廃水停止は困る」ということだった。陳情したのは、水俣市長、市議会議長、商工会議所会頭、地区労議会長、二八団体の代表五〇人だ。記事によると、「陳情団の話では、市税総額一億八千余万円の半分以上を工場に依存し、また工場が一時的にしろ操業を中止すれば、五万市民は何らかの形でその影響を受けるという」とある。

ここには二つの教訓とすべき問題がある。

一つは多数と少数という問題だ。陳情した「オール水俣」とでも呼ぶべきメンバーに入っていない人たち、それは漁民である。漁民を除いた「オール水俣」の人たちが、知事に対して工場の操業を続けてくれと陳情に行ったことには、少々言葉が強いが、少数を犠牲にして、あるいは少数の被害には目をつぶって多数が現在の暮らしをそのまま維持しようとする気持ちが表れているのではないか。そうした少数の犠牲の上に多数の暮らしが維持されるという構造は、今の私たちの暮らしの中にもあるのではないか。これが教訓の一つだ。

もう一つは、情報の隠蔽《いんぺい》という問題である。後で触れるが、少なくとも裁判で確定した事実から言えば、一九五九年一〇月の時点で、チッソ付属病院長・細川一が行った猫四〇〇号の実験で水俣病同様の症状が起きているのだ。研究そのものは細川によればチッソ上層部の判断で中止になり、秘匿されたが、少なくとも一〇月の段階で工場の廃水を直接与えた猫が発病したことを知り得た人たちがいたことになる。こうした事実を知り得た人たちが、実験の結果を何らかの形で社会に伝えていれば、果たしてこの「オール水俣」の人たちがこういう行動をとっただろうか。

人命が危険にさらされている状況の中で、肝心な情報をどうやって広く市民にオープンに伝えていくか、この記事に秘められたもう一つの教訓である。

チッソという会社

二〇一五年秋。水俣市古賀町にあるれんが造りの建物に多くの人の姿があった。熊本学園大学水俣学研究センターが行った見学会。建物は、一九〇八（明治四一）年に造られたチッソの旧工場。建物が立つあたりがチッソ発祥の地だ。その後、チッソから別の会社に転売されたが、今も当時の面影を残したまま使われている。現在の肥薩《ひさつ》おれんじ鉄道水俣駅前のチッソ水俣本部（JNC水俣製造所）はこの建物の後、新工場として増設されたものである。

二〇一五年には水俣市内の土壌から土壌汚染対策法の基準値の一一倍にあたる水銀が検出されるという出来事があった。原因は不明だが、付近では一九六〇年代にチッソが工場残滓を使って海岸を埋め立てた経緯があるという。こんなふうに水俣という街は、至る所にチッソの歴史が顔を出す。

チッソの創業者・野口 遵《したがう》が鹿児島県大口村に曾《そ》木《ぎ》電気を設立したのは一九〇六年である。金沢生まれの野口は東京帝国大学電気工学科を卒業後、シーメンス東京支社に入社、その後、仙台でカーバイド生産に成功し、実業家としてのスタートを切った。

「東洋のナイアガラ」といわれた曾木の滝の豊富な水を使って電力を起こし、近くの金鉱山などに供給した野口は一九〇八年、余剰電力を使って窒素肥料を作る日本窒素肥料株式会社をスタートさせる。当時の水俣村は工場敷地を安価で提供したり、電柱を寄付したり、積極的に誘致に動いた。以後、熊本県八代郡鏡町や宮崎県延岡市に現在の旭化成の前身となる工場を建設、さらには植民地下の朝鮮・興南に東洋一の電気化学コンビナートを作り上げ、興南工場の従業員は四万五〇〇〇人を数えた。

一九四五年の敗戦で海外資産をすべて失ったチッソは、政府の傾斜生産方式で重点とされた肥料の生産を再開し、朝鮮から引き揚げてきた幹部・技術者が水俣工場の指導層となった。一九五〇年に新日本窒素肥料株式会社と社名を変更した。

主力となったのはプラスチックの可塑剤の原料などでもあるアセトアルデヒドの生産。始まったのは一九三二年だが、戦後の高度成長の準備期に入ると、生産量は拡大、一九五五年には一万トン、一九六〇年には戦後のピークである四万五二四五トンに達し、国内の生産量の三分の一から四分の一を占めた。この工程が水俣病を生むことになる。

水俣の人口もチッソとともに急成長を遂げる。一八八九(明治二二)年の水俣村施行時は一万二〇四〇人、一九四九(昭和二四)年の水俣市制時が四万二二七〇人、人口のピークは一九五六年、久木野《くぎの》村と合併した五万〇四六一人である。二〇一〇(平成二二)年の国勢調査によれば二万六九七八人、ピーク時の半分ほどにまで減少している。チッソとともに発展した水俣市は、水俣病公式確認のころが最多の人口だったことになる。

チッソ株式会社という社名になったのは一九六五年だ。二〇一一年発刊の『風雪の百年』という社史で「水俣はチッソとともに、チッソは水俣とともに、苦楽を共にしてきた。それは宿命的な結び付きである」と書いているが、実はこれに似たような記述がある。

「お国自慢の日窒工場　煙はればれ希望の空に　あげて伸びゆく商工都　肥薩境も津奈木の嶮も　越えて輝け水俣市」。これは一九四九年四月一日、水俣市制のスタートを記念して作られた「水俣小唄」の一節だ。水俣病の公式確認はこの七年後である。

さらに一九六六年に市が発行した『水俣市史』には「水俣に生まれ、水俣と不即不離の中でそだってきた日窒は、町との間柄も一般工業都市には見られぬ血のつながりにも似た交情を深め、歩みをともにしてきた」とある。こちらは水俣病が確認されて既に一〇年がたっている。チッソの百年史と水俣市史との、相似形とでも呼ぶべき思いの重なり合いは、水俣という地域とチッソという会社の歴史を浮き彫りにしている。

二〇一一年に事業会社ＪＮＣが設立され、親会社のチッソは事実上の清算会社となったが、現在の収益の柱は液晶、繊維・肥料、樹脂の三事業で、主力商品の液晶ではトップメーカーの位置を占めている。

見舞金契約という決着

熊本大学の有機水銀説に対して、チッソは単なる推論と反論、東京工業大学教授の清浦雷作や日本化学工業協会理事の大島竹治らもそれぞれ否定の論陣を張った。会社、中央の学者、業界の三者一体となっての反論は、熊本大学の有機水銀説を「中和」する役割を果たすことになる。

一九五九年一一月の漁民による工場への乱入などもあって、水俣病は全国ニュースとなったが、それは「治安問題」として扱われる側面が強かった。当時の熊本県警のトップに話を聞いた時、記憶に残っていたのは漁民の工場乱入の問題であり、水俣病患者をめぐる記憶は極めて薄かった。

一九五九年、三つの象徴的な出来事がある。どれも水俣病問題の幕引きを念頭に置いたものと言える。

一つ目は、厚生省食品衛生調査会水俣食中毒特別部会の解散である。一九五九年一一月一二日、同部会代表の熊本大学前学長・鰐淵健之が「水俣病の主因をなすものはある種の有機水銀」と答申した。翌日の閣議でこの答申が報告されると、通産大臣・池田勇人が、有機水銀が工場から流出したとの結論は早計だと反論、このため答申は閣議了解とはならなかった。そして部会は解散となった。当時の通産省の雰囲気について同省から経済企画庁に出向し、対策の原案を練っていた人物のこんな証言がある。「「頑張れ」と言われるんです。「抵抗しろ」と。（排水を）止めたほうがいいんじゃないですかね、なんて言うと、「何言ってるんだ。今、止めてみろ。チッソが、これだけの産業が止まったら日本の高度成長はありえない。ストップなんてならんようにせい」と厳しくやられたものね」（NHK取材班『戦後五〇年　その時日本は』第三巻）

この後、原因究明は経企庁が調整役を務める「水俣病総合調査研究連絡協議会」が進めることになるが、四回開かれただけで、立ち消えとなる。

二つ目は、水俣工場にサイクレーターという排水浄化装置ができたことだ。一二月二四日の完工式では、当時の社長・吉岡喜一がコップにくんだ水を飲んでみせるというパフォーマンスもした。しかし、このサイクレーターはもともと水銀の除去を目的にしていなかった。後年、この事実を知った知事の寺本は「不明というほかない」と自らの手記に反省を記しているが、装置の完成によって工場排水が安全になったという社会的ＰＲ効果は大きかった。

三つ目は、知事の寺本ら五人による「不知火海漁業紛争調停委員会」の、漁業補償と水俣病患者家庭互助会から出ていた補償要求に対しての対応である。漁業関係では、三五〇〇万円の損失補償などの調停案を漁民が受け入れた。

水俣病患者家庭互助会には見舞金として死者三〇万円の弔慰金と二万円の葬祭料、生存患者は成年に年金一〇万円、未成年に同じく三万円を示した。孤立無縁の患者たちは暮れも押し詰まった一二月三〇日、水俣市役所で契約書に調印する。「見舞金契約」である。第四条には水俣病の原因がチッソの排水ではないと決まれば、見舞金は打ち切るとあり、第五条には、水俣病の原因が将来、工場排水に起因することが決定した場合においても新たな補償金の要求は一切行わない、とあった。細川の猫四〇〇号の実験から二カ月がすぎていた。「魚はとっても売れん。働き手は倒れてしまった。食うためには一銭でも必要だった」。ある患者の述懐である。

見舞金契約で登場するのが、水俣病患者診査協議会だ。見舞金の対象者を選ぶ協議会は認定審査会となって今に続いている。本人が申請し、決定は審査会委員の全員一致とされるこのシステムが後に多くの複雑な問題を起こしていく。

この見舞金契約が裁判で「公序良俗違反」とされ、無効となるのはこれから一四年も後のことになる。

■人・ひと① 細川一（チッソ付属病院長）

一人の医師について触れたい。水俣病事件で極めて重要な役割を果たす医者である。

細川一。前記したように細川は水俣病の発見者であった。そして、猫四〇〇号実験で水俣病の原因が工場廃液にあることを突き止める医者となった。水俣病一次訴訟では、がんのため入院中の病院で裁判所の臨床尋問を受け、チッソの過失責任を認めた判決に至る決定的な証言を行うのである。

細川は一九〇一（明治三四）年に愛媛県に生まれた。東京帝国大学医学部卒。チッソ創業者・野口遵の遠戚筋の紹介でチッソに入社。軍医などを経て、戦後、チッソ付属病院長となった。

細川は「細川ノート」と呼ばれる詳細なメモのほか、雑誌に依頼されて書いた原稿を残しているが、そこには「会社病院」の医師としての悩みがつづられている。

「新しい病気を発見したという喜びと、大変な病気を発見してしまったという悲しみ、これは医師として、表現しにくい奇妙な感情ではあった」（「今だからいう水俣病の真実」『文藝春秋』一九六八年一二月号）

一九五六年五月一日の公式確認。実はこの二年前から細川の病院には今まで経験したことのない症状の患者が外来に来ていたが、細川らは「うつべき手もないまま」の状態だった。こんな細川だったから、田中静子、実子姉妹の入院は、「ただならぬ事態」が起きているという実感となったのである。

やがて医師としての細川の目は、自分の工場が水俣病の原因ではないかと思うようになる。一九五八年、チッソが工場排水の放流先を百間排水口から水俣川河口に変更した時、細川は反対する。「向こうで患者が出たら（犯人という）証明になる」からだ。工場が原因ではないかという細川の大きな疑念は、工場の廃水を直接、猫に与える猫実験となった。そして、発症した猫四〇〇号。以後、実験には会社からストップがかけられた。実験の再開は、見舞金契約などで水俣病問題が社会の水面下に沈んだ一九六〇年八月以降になる。猫四〇〇号は九州大学に病理解剖を依頼したが、慎重な細川は一例だけの発症には不安があり、できれば複数のデータをそろえて確認したかったようで、積極的な発表にはならなかった。何より会社側の意向があった。しかも、裁判の証言によれば、これ以降、問題の廃水を採取できなくなったという。

病床にあった細川を尋問した弁護士の坂東克彦は『細川一先生の臨床尋問』と題する小冊子の中で、細川のこんな言葉を書き残している。話が新潟で起きた水俣病に及んだ時、「水俣病患者のなかには患者でない者がまじって入ることがあるかもしれない。しかし、肝心なのは、入るべき者がぬけてしまってはならないことである。あまりに正確さを求めることには意味がない」。自身が経験した熊本水俣病の反省にたっての言葉だろう。

「人形の家」で知られるヘンリック・イプセンの戯曲に「民衆の敵」がある。トマス・ストックマンは医者。彼が住む温泉町に病人が発生し、ストックマンは工場地帯から引かれた飲み水が原因と突き止める。彼は公表しようとするが、兄である町長からストップがかかる。改修工事に金がかかるし、観光への打撃も大きいというのだ。町民集会が開かれ、ストックマンは「多数の民衆が正しいのではなく、真理そのものが正しいのだ」と言うが、町民からは「民衆の敵」と指弾される。迫害を受けた自分の子どもたちに向かって、ストックマンは言う。「お父さんは本当のことを言ったために一人になったんだ」。「民衆の敵」は、細川の愛読書だった。

細川は、水俣市の眼科医の谷川家をよく訪れた。谷川家には四兄弟がおり、長男の健一は民俗学者で、次男の巌（ペンネーム雁《がん》）は後に詩人として知られるが、「民衆の敵」は雁の紹介だったともいう。

細川のノートにこんな言葉がある。「現象や症状を調べるだけではいけない。これらは事後の救済には役に立つが、十分な公害防止策には役に立たない。公害においては救済よりも、防止の方がはるかに重要な仕事である」

細川は臨床尋問での証言から三カ月後の一九七〇年一〇月に亡くなった。死を前にしての振り絞るような証言だった。享年六九。

第二章　空白の時代――生かされなかった研究成果

一九五九年に起きた厚生省食品衛生調査会水俣食中毒特別部会の解散、漁業補償、チッソ水俣工場のサイクレーター完成、見舞金契約という流れを見ると、ここには「水俣病問題を終わらせる」というある種の〝意思〟が感じられる。事実、水俣病問題は一九六〇年から深く水面下に沈んだ。一九六三年三月の『神経研究の進歩』に、熊本大学医学部第一内科助教授の徳臣晴比古らは「水俣病の疫学」と題した論文で、「水俣病も昭和三六年以来、新患者の発生をみず、漸く終息した様である」と書いた。

　一九六四年の東京オリンピックに日本中が湧いた時、水俣病問題は最も深い淵にあった。そしてその空白は、一九六五年の「第二の水俣病」と言われる新潟水俣病の確認まで続く。しかしこの時期は、実は幾つかの真相究明のチャンスがあったのに、これを生かせなかった時期でもあり、放置されたことで被害が広がった時期でもあった。

毛髪水銀調査

　熊本県衛生研究所が不知火海沿岸住民一〇〇〇人を対象に一九六〇年から三年間行った調査がある。中心になったのは、熊本大学薬学部教授から同研究所へ移った松島義一であった。

　毛髪水銀濃度の測定は、水俣病を契機に日本で広く使われ、その有用性が認められた検査法だ。カナダなどでは血中濃度の水銀を測ったデータはあったが、毛髪の測定データはなかった。

　松島が一九七一年に書いた供述書によると、熊本大学医学部教授（公衆衛生学）の喜田村正次の毛髪水銀調査を参考にして、大規模調査を計画したが、資金不足もあって千代田生命保険の公募研究に応募して費用を捻出したという。

　調査には驚くべき数字が並んでいる。水俣市の対岸にある天草の御所浦《ごしょうら》では、平均値で九二〇ｐｐｍ、毛髪の根元四三〇ｐｐｍ、先端一八五五ｐｐｍという数値の女性がいたのである。発症の要注意とされた五〇ｐｐｍからすると、異常な高さが分かる。

その後、熊本大学医学部第一内科が調査結果をもとに、御所浦の毛髪水銀八〇ｐｐｍ以上の住民に調査票を送り、自覚症状の調査を行っている。しかし、直接、御所浦に足を運ぶことはなかった。当時の関係者は、「水俣は熊本から遠かった。御所浦はその水俣のその先の離島でさらに遠かった」と語った。この女性の死亡診断書を書いた医師は「今となっては何とも申し上げようがない。当時、御所浦には水俣病はないと言われていた。県のデータが公表され、水銀値を知っていたら、精密検査もしてもらえたと思うが……」というコメントを熊本日日新聞（一九八六年五月一日付朝刊）に残している。

松島はこう語る。

「私としては、調べたデータが検診や病気発見の手掛かりになればと願っていたのですが、県衛生部も熊大も、そのような活用については全然考慮してくれなかったのは残念であり、疑問に思うところでした。（中略）せっかく検査しても、何ら有効に生かされないことから徒労感もありました」（供述書）

毛髪水銀調査のデータが後に水俣病研究会の会員によって見つけられた後、熊本大学医学部の若い医師たちが自主検診で御所浦に入り、深刻な汚染の広がりを確認する。以後、御所浦は患者多発の島となっていく。

水俣病は一九五六年の公式確認に始まったわけではない。また水俣市だけで起きたわけでもない。不知火海沿岸では、天草の御所浦のように医療の手がまったく差し伸べられず、病気の原因も告げられないままに亡くなった人も多い。本格的な健康調査がされてこなかったためである。

原因を突き止めた

一九六三年二月一七日の熊本日日新聞の一面トップは「製造工程中に有機化　熊大研究班　水俣病の原因で発表」。記事は、熊本大学医学部教授（衛生学）・入鹿山且朗が、水俣病の原因物質とみられている有機水銀化合物を、チッソ水俣工場の酢酸製造工程から直接採取した水銀滓の中から検出した、として水俣病の〝真犯人〟を見つけたことを伝えていた。

前日に開かれた熊本大学医学部研究班の報告会を伝える記事だった。入鹿山らは有機水銀の発生源を追究していたが、それまでのやり方では試料を準備する段階で不手際があったことに気付き、以前チッソ水俣工場から入手していた未処理の水銀滓の分析を始めたのだった。

入鹿山の研究と水俣湾の貝から抽出された物質の構造式が若干異なる点は今後の課題とされたが、研究班長・世良完介は「もはや水俣病の直接的原因が工場の排液にあることは疑う余地のないことである。全責任は会社にある」と語っている。この記事には、当時の熊本地方検察庁検事正の次のコメントが付けられている。「これまでは医学的なはっきりした原因が分からず、われわれが手を出そうにも、手のつけようがなかったが、もし医学的研究の結論がでたのであれば、結果次第では大いに関心をもたねばならない問題だろう」

しかし、検察をはじめ捜査当局は動かなかった。国会でも取り上げられ、厚生省は「新しい意見が伝えられているので、十分に地元の事情を調べて必要な措置をとるよう検討する」という答弁をしたが、具体的な措置はとらなかった。一九五九年、有機水銀説が出た時、通産大臣・池田勇人は、チッソから流出していると結論するのは早計と発言しチッソを擁護したが、原因究明の決定打が出た後になっても、政治も行政も司法も動きをみせなかった。チッソの刑事責任の追及は一九七六年になってから、しかも被害者の告訴を受けてのことだった。

一方で原因究明に関して、チッソは一九三二年からアセトアルデヒドの生産を開始していたのに、なぜ一九五三年末に突然のように急性劇症型の水俣病患者が発生したのか、という疑問があった。

これを正面から解き明かす研究をしたのが、元新日窒労組委員長の岡本達明と東大名誉教授の西村肇であった。二人はチッソの内部資料などから、メチル水銀が大量に生成されるようになったのは、一九五一年にアセトアルデヒド製造工程中でメチル水銀生成を抑制する働きのある助触媒の二酸化マンガンの使用を中止したため、などと結論づけた。二人はこのほか水俣湾での汚染拡大のメカニズム解明にも挑み、研究成果は二〇〇一年、『水俣病の科学』(日本評論社)として出版された。

胎児性の確認

胎児性水俣病の確認もあった。

水俣病患者多発地区で、脳性まひに似た症状の子どもの多さは関係者の間で話題になっており、医学的にも報告されていた。しかし症状が一般の脳性まひと明確に異なるところがないことや、胎盤は胎児を守るために毒物を通さないとされていたことなどから、その結論が持ち越されていた。

一九六一年、二歳六カ月の女児が死亡し、熊本大学の武内による病理解剖が行われ、「胎内で起こった水俣病」と結論、水俣病と認定された。翌一九六二年には診断保留となっていた一六人がまとまって胎児性水俣病と認定される。

胎盤を通じて起きた中毒の発見は水俣病が世界で初めてとされる。行政は「胎児性」というくくりでの認定をしていないため、その実数は不明だが、七〇人近いとも言われている。不知火海沿岸では流産や死産など異常妊娠の確率が非常に高いことや、出生児の男女の比率が変化したことが報告されている。

有機水銀は幼い命を直撃したのである。

胎児性水俣病を研究の出発点としたのが、医師の原田正純だ。原田にとって忘れられない出来事がある。水俣のある患者の家で、二人の子どもが遊んでいた。二人の兄弟の症状は全く同じだった。「母親に水俣病か」と聞くと、母親は答えた。「上の子は水俣病だけど、下の子は違うと言われている。上の子は魚を食べて病気になったけど、下の子は魚を食っていないから。しかし、下の子が生まれた年には同じ子が何人も生まれており、私は水俣病と思う」。原田と胎児性水俣病との出合いだったが、以後、原田の研究は母親の直感をなぞっていくことになる。胎児性の悲劇は、一九六八年に西日本を中心に起きたカネミ油症事件でもまた繰り返された。

安賃闘争

水俣の人にとって、時として水俣病より強い印象で語られるのが安賃《あんちん》闘争である。

一九六二年の春闘で、チッソは新日本窒素労働組合に対して、会社が同業他社並みのベースアップを約束する代わりにスト権を放棄し、合理化案に協力するという旨の提案を行った。チッソは、水俣病の原因工程となった水俣工場のアセトアルデヒドの生産もピークを過ぎ、石油化学工業への移行で遅れをとっており、大幅な合理化による再編成を目指していた。会社の提案を拒否した組合に対し、激しい切り崩しが行われ、争議開始時に約三〇〇〇人を数えた組合は分裂、新労（第二組合）が結成された。一九六三年、県地労委のあっせんを受け入れ、ストライキ日数二二四日に及んだ争議は収束した。

この闘いは、三池闘争の後の「総労働対総資本」の闘争と位置付けられ、全国から組合の支援に約一万五〇〇〇人が駆け付けた。水俣市内でも親兄弟、隣り同士が組合を異にして激しく対立、「商店街、青年団、婦人会、葬儀屋まで真っ二つに割れた」という。

第一組合に残った人たちに対し、会社側から雑役の部署への配置転換などが行われたことから、第一組合は〝自省する日〟を組織として持つようになる。それはやがて「水俣病に対して何もしてこなかった」とする「恥宣言」の決議となり、わが国で初となる公害反対ストの実施となった。そして水俣病一次訴訟では組合員が会社を告発する証言者となった。ピーク時の一九五一年に四四〇〇人を数えた組合員は安賃闘争後の分裂を経て減少の一途をたどり、二〇〇四年に解散大会が開かれた。

新潟水俣病の確認

水面下に深く沈んでいた熊本の水俣病に再び光を当てることになったのは、新潟水俣病が確認されたためだ。不幸にして水俣病は二度起きてしまった。熊本で根本的な原因究明がなされず、チッソと同種の工場に対して調査や対策をとらなかった対応のまずさが、第二の水俣病を生んだとも言える。

新潟大学教授・椿忠雄らが一九六五年五月三一日、新潟水俣病の確認を新潟県に報告、新潟県は六月一二日、阿賀野川流域で有機水銀中毒患者が七人発生し、うち二人が死亡したと発表した。汚染源としては、阿賀野川の上流域にあった昭和電工鹿瀬《かのせ》工場が疑われたが、昭和電工は一貫して否定、原因として農薬説を主張した。

水俣の経験に基づき、新潟県は胎児性水俣病の防止策として毛髪水銀濃度が五〇ｐｐｍ以上の女性に受胎調整を指導、この結果、新潟での胎児性水俣病患者の発生は一人にとどまったとされている。

熊本水俣病の発生当時と比べると、初期の調査・対応は改善されたと言われたが、しかし例えば、疫学調査の対象は阿賀野川の河口から工場がある地点の六〇キロまでにとどまり、工場の上流域には目が向けられなかった。工場の上流でも汚染の広がりが指摘されるのはその後のことである。

■人・ひと② 動き出す〝四銃士〟

歴史は時として、さまざまな人をその表舞台に準備する。一九六〇年代後半、互いの存在を知らない四人の若者がそれぞれに水俣を歩いていた。四人の真ん中にあったテーマが水俣病だった。

医師の原田正純、科学者の宇井《うい》純《じゅん》、写真家の桑原史成《しせい》、作家で主婦、後に『苦海浄土』を書く石牟《いしむ》礼《れ》道子。

例えば原田正純。一九六一年八月、患者多発地区の水俣市湯堂を訪れた原田はこう書いている。

「湯堂では公民館に患者が集められていた。初めて水俣病を診た私は、この時の自然の美しさと病気の悲惨さのコントラストの強い印象が忘れられない」「水俣で診察に訪問して門前払いをくったのはショックだった。理由の一つは私たちが調査をしたりするとマスコミがまた取り上げるので、せっかく忘れようとしているのにまた騒がれるので困るということだった。もう一つは何度も診てもらったが、もう治らないからあきらめたというのであった」

「医師は何ができるか」。「医学とは何か」。原田の終生のテーマとなった。

例えばその後、東京大学助手として「公害原論」を手掛けることになる宇井純。水俣を初めて訪れたのは一九六〇年五月、東大の大学院生の時だった。水俣に足を向けたのは、大学院に戻る前に勤めていた化学工場で夜中にこっそり水銀を流した個人的な体験があったからだ。「水俣で、患者を見てしまうともう知らない顔はできなかった」。宇井の出身は東京大学工学部の応用化学。「うちの就職先の一番がチッソ、二番が昭和電工というぐらい両社は名門だった。そうしたエリートたちが水俣病を起こしてしまった」

宇井はチッソ付属病院長の細川一を知り、「富田八郎」のペンネームで水俣病の緊急レポートを組合関係の機関紙などに書き始める。「とんだやろう」と読めるペンネームに若き宇井の心意気が分かる。

「水俣病の教訓の一つは、被害の全体像を早くつかめということだろう。（昭和）二〇年代、三〇年代、何でこんな目に遭わなければならないかも分からず、患者が死んでいった。むごいことだったと思う」。宇井が語っていた言葉だ。

二〇一六年一月、桑原史成の姿は水俣にあった。熊本学園大学が主催する「水俣病事件研究交流集会」出席と取材のためだ。今でも年に一度、公式確認の五月一日、水俣を訪ねる。

カメラマンとしてテーマを探していた桑原が水俣入りするのは一九六〇年七月。水俣の風景は、ヒ素に苦しんだ古里の島根県津和野の鉱山の風景と重なった。変わる水俣と変わらない水俣。半世紀を超える時間の中で複雑な表情を見せる水俣に桑原はレンズを向け続けている。「僕の写真には情報量が少ないと言う人がいるけど、リアリティーに欠けても人をひきつければよい……」。そう言う桑原は、水俣に流れている時間を桑原の流儀で刻み続けている。

水俣在住の石牟礼道子。病気療養のため水俣に帰ってきた詩人で、「サークル村」を提唱した谷川雁との交流が始まる。やがて長男が初期の結核で入院した水俣市立病院で「奇病病棟」を知り、訪ねた。以後、患者多発地区に足を運び、ひたすら患者たちの声をじっと聞いていた。本人の言葉によれば、ノートも持たず、「何か重大なことが起こっているのを感じとって、気にかかってならず、それを見届けたかった」。一番若手の医師だった原田は、検診会場でよく見かける石牟礼を保健婦とばかり思い込んでいたという。石牟礼が聞き、見た風景の原像がやがて『苦海浄土』をはじめとする一群の作品となって私たちの前に現れてくる。

〝四銃士〟はやがてそれぞれの存在を知り、それぞれの現場で貴重な記録と作品と足跡を残していく。宇井が二〇〇六年に七四歳で、原田が二〇一二年に七七歳で亡くなったが、水俣病が今もさまざまに語られ、真相を追求する試みが可能な理由の一つは、患者自らが声をあげたこともさることながら、水俣病が水面下に沈んだ時から今に至るまで四人が取り組んだ仕事の豊かさにも拠っている。

第三章　噴出するエネルギー——この国のあり方が問われた

新潟水俣病の発生は、水俣に化学反応をもたらした。熊本、新潟の水俣病、四日市ぜんそく、イタイイタイ病という四大公害の先陣を切って新潟水俣病一次訴訟が提起された。一九六七年のことだ。同年に四日市、翌年にイタイイタイ病と訴訟が続いた。

高度成長の陰に公害があった、という指摘がよくなされるが、実態は公害があったから高度成長が実現できたと表現すべきだろう。四大公害訴訟が象徴していたのは、この時期、この国の海も大気も土壌も深く汚染されていったことだ。裁判や反公害の運動に多くの支持が寄せられたのも被害が深刻だったことの裏返しであろう。

公害認定

新潟水俣病訴訟の原告・弁護団を水俣に迎えた一九六八年一月二一日、国鉄水俣駅に「新潟　水俣手をつなごう」という横断幕が揺れた。出迎えたのはその九日前に発足したばかりの水俣病対策市民会議（後に水俣病市民会議）。市職員の松本勉や水俣市議の日吉フミコらを中心に、①政府に水俣病の原因を確認させ、②被害者を物心両面から支援すること、を目的につくられた。チッソが圧倒的な力を持つ水俣での患者支援の初めてのささやかな組織だった。

政府が水俣病を公害と認定したのは一九六八年九月二六日のことだ。

公害認定の背景には同年五月、水俣病が公害対策基本法の公害にかかわる疾患であるか否かの国会における質問に答えるため、公害病に関する原因と発生源の確定が政府によって行われたことがある。

熊本水俣病は、チッソ水俣工場のアセトアルデヒド酢酸設備内で生成されたメチル水銀化合物が原因と断定、新潟水俣病については、昭和電工鹿瀬工場のアセトアルデヒド製造工程中で副生されたメチル水銀化合物を含む排水が中毒発生の基盤になっているとした。

　この時、熊本水俣病の公式確認から実に一二年が経過していた。同年五月には、チッソと電気化学工業青海工場（新潟県青海町）のアセトアルデヒド製造工程は稼働を停止しており、いわば「事後の対策」となった。また公害認定時の見解は、水俣病患者の発生が一九六〇年を最後に終息していることを挙げ、その理由として魚介類の漁獲禁止や工場の廃水処理設備が整備されたことを挙げている。しかし、これらは明らかな誤りである。それまで水俣湾の漁獲が禁止された事実はなく、旧水質保全法と旧工場排水規制法に基づく規制が開始されたのは一九六九年のことであった。公害認定の底に流れているのは、「終わった病気」としての水俣病を処理することだったことが透けて見える。しかし、目論見は外れる。

国家権力との闘い

　公害認定によって水俣病患者家庭互助会の補償要求が再燃、互助会は厚生省への一任派と独自の要求をしようという訴訟派に分裂する。一九六九年六月、水俣病患者家族二八世帯、一一二人がチッソを相手に損害賠償請求訴訟を起こした。水俣病一次訴訟である。

　「今日ただいまから、私たちは国家権力に対して立ち向かうことになったのでございます」。原告団長の渡辺栄蔵のあいさつは、訴訟の本質と水俣病問題の核心を突いたものであった。

　最大の争点はチッソの過失をどう立証するか、だった。裁判を理論面から支援しようと、水俣病研究会が熊本でつくられ、新たな法理論が検討された。水俣病の発生は知らなかった、予想外のことで過失はない、と主張するはずのチッソの責任をどう立証するか。通常、過失があるかどうかは予見可能性の有無によって決まる。「水俣病の前に水俣病はない」という点を強調すればするほど、予見可能性はないことになってしまう。

　水俣病研究会には熊本大学法学部の富樫貞夫《とがしさだお》のほか、医師、ジャーナリスト、チッソの労働者などさまざまなメンバーがいた。激しい議論の果てに富樫らが参考にしたのは武谷三男《たけたにみつお》らの「安全性の考え方」であった。有機合成化学工場であるチッソ水俣工場の排水は極めて危険なものであることは化学の常識で、工場廃水の排出が許されるのは、それが無害という証明がある場合に限られ、その証明を行うのは工場の責任である、とする新しい考え方であった。

審理が進むなかで、圧倒的な存在感を持ったのは、やはり患者家族だ。胎児性水俣病の上村智子《かみむらともこ》も母親に抱かれて法廷に入ったが、時折、もの言わぬ智子が声を上げた。法廷内の誰もが、智子が何かを言いたいのだろう、と心で聞いた。〝メジロじいさま〟とも呼ばれた原告の牛島直は休憩時間に熊本地裁の庭に出ては、口笛でメジロを呼び寄せた。それをまた不思議そうに見守る若い支援の女性がいた。牛島がメジロのコンクールで優勝した時は、若い支援者らが水俣まで出向き優勝パレードを行ったりした。そんな日常の風景もある裁判闘争だった。

判決は一九七三年三月二〇日。石牟礼道子が考案した「怨」という真っ黒な吹き流しが熊本地裁前で春風に揺れ、支援の若者は「死民」というゼッケンを着けて座り込んだ。

判決は患者側勝訴。「工場が事前に排水について十分な調査をするとともに、海の汚染や異常に適切な判断をしておればこれほど多くの被害者を出さずに済んだ」と指摘、賠償額は一六〇〇万円、一七〇〇万円、一八〇〇万円の三ランクとした。また、死者一人三〇〇万円、原因がチッソと分かっても新たな補償要求はしないなどと書き込まれた見舞金契約は公序良俗違反とされ、無効となった。

異色だったのが、斎藤次郎裁判長が文書で出したコメントである。

「水俣病による被害はあまりに深刻で悲惨だ。原告らは本当にお気の毒と思う。いくらかでも幸せがもたらされることを祈る。（公害問題が裁判所で解決されている現状をどう思うかという問いには）現状はともかく、裁判は当該紛争の解決だけを目的とするものので、そこには自ら限界があるから、裁判に多くを期待するのは誤りである。企業側とこれを指導監督すべき立場の政治、行政の担当者による誠意ある努力なしに根本的な公害問題の解決はありえない」

コメントは示唆的である。その後、企業、政治、行政がどれほど「誠意ある努力」を重ねただろうか。問いかけの今日性は、水俣病事件の後に起きた薬害事件や原発事故などの経緯をみれば分かる。

三月二〇日付判決当日の熊本日日新聞夕刊社会面のメインの見出しは「そのとき「Vサイン」もなく〝カネ〟でからだは返らん」。寝たきりの患者の写真の横には「〝水俣病は終わらない〟」とあった。

原告団はこの後、上京。東京・丸の内のチッソ本社で座り込んでいた川本輝夫らの自主交渉派と合流し、東京交渉団（田上義春団長）を結成、チッソと対峙する。

加害者と相対で

水俣病の補償は本人の申請で始まり、検診結果を認定審査会が判断し、知事が処分する。つまり被害者自ら手を挙げて名乗らねばならない。このため、患者が出ると魚が売れなくなって困るからと、申請に漁協幹部から圧力がかかった。また差別を恐れ、親が子どもの結婚のために申請を自粛するようなことも起きた。地域社会の中で申請はそれほど決意を必要とすることだった。裁判とは別に川本輝夫らがチッソ本社に乗り込んで進めた自主交渉は、こうした水俣の現実を背負っていた。

川本の認定申請は一九六八年。翌六九年に棄却されたため再申請。七〇年に再棄却されたため、当時の厚生省に行政不服審査請求を行った。この過程で川本らが入手した審査会の会議録には、「審査会判定は公害補償と関連があるので、その点も考慮して慎重を要する」とあった。医学の名を掲げながら実際は補償を限りなく意識していたことを審査会自らが認めているとも読める代物だった。実際、「〝いちろく〟を意識しないと言えばうそになります」と語る審査会の委員がいた。〝いちろく〟とは補償金の一六〇〇万円の、頭の二文字のことである。

数字を見たい。水俣病の認定患者は六〇年度末で八五人。以後、胎児性水俣病の確認などはあったものの、一〇年たっても全体数はそれほどは増えておらず、七一年度末で一八一人だ。川本が認定制度の壁に挑んだのはまさしくこうした時期であった。

一九七一年七月一日、日本の環境行政を一元的に担う環境庁が発足する。

七一年八月七日、厚生省から引き継いだ行政不服審査で、環境庁は川本らの認定申請を棄却した熊本、鹿児島両県知事の処分を破棄、差し戻す裁決を行った。と同時に、水俣病認定に当たっての基本的な考え方を示す事務次官通知（昭和四六年次官通知）を出す。通知には「有機水銀の影響が否定できない場合」「主要症状のいずれかがある場合」も水俣病の認定に含む、とあった。

水俣病研究会編集の『認定制度への挑戦』は次官通知をこう指摘する。「閉じ込められた諸々の問題を一挙に噴出せしめ、（見舞金契約によって）一切が闇に葬り去られたあの（昭和）三十四年に回帰する道を開いたと言えないだろうか」。つまり水俣病問題を振り出しに戻すきっかけになるのではないか、と解説した。

実際、認定審査会という巨大な壁が一気に取り除かれたような期待も持たせた。が、自らの存在を否定されたと受け止めた審査会の委員が辞任を申し出る騒ぎとなり、慌てて熊本県知事・沢田一精らが慰留し、委員らは残留となった。結果、裁決と次官通知の精神の徹底は不十分なものとなる。

水俣病と認定された川本らは補償を求めて七一年一〇月、現地水俣でチッソと交渉を始めた。チッソはそれまでの認定患者と区別するために、川本らを「新認定」とも呼んだ。

川本らは暮れの一二月六日に上京、東京・丸の内のチッソ本社に乗り込んだ。それから川本が水俣に帰ったのは実に二年近くたってからのことになる。最初のころには交渉に応じたチッソだったが、患者・支援者を排除した後は檻《おり》を造って面会を拒否、川本らはやむなくチッソ本社前の路上にテントを張っての行動となった。自主交渉がインパクトを持ったのは、加害者と相対《あいたい》で向き合うというその直接性と、「被害者一律三〇〇〇万円」という要求の額とそこに込められた思いの強さにあった。「人の命の尊さや大切さを、多数決みたいな形で値踏みされてたまるか」。川本や自主交渉の仲間である佐藤武春らの思いだった。

提訴もそうだったが、自主交渉も水俣市民を揺さぶった。「チッソを守れ」の住民大会が企画され、「市民有志」を名乗るビラが新聞に折り込まれた。「水俣に会社（チッソ）があるから、人口わずか三万足らずの水俣に特急が止まる」「弱った魚を食べたから奇病になった」「川本なんか去年まで、医師会運動会ではいつも一等だったのに……」。ビラにはこんな言葉が並んだ。

補償協定

訴訟派と自主交渉派が合流した東京交渉団。圧巻だったのはやはり、患者たちだった。「金はいらん、体を返せ、親を返せ、子どもの命を返せ」。一次訴訟判決で勝ち取ったばかりの補償金をテーブルに積んで突っ返し、チッソに迫った。

七三年七月九日、環境庁長官の三木武夫ら四人の立ち会いの下、補償協定書が結ばれる。補償額は判決と同様の三ランクの金額、これに医療費や年金など患者たちの要望が強かった恒久対策がついた。一時金に加え、医療費、年金という三本柱は以後の救済策の原型となる。一時金の物価スライドなどすべてが川本らが望んだ通りにはならなかったが、この時締結された補償協定書は、その後、認定を受けた患者が希望すればすべてこの協定書の通りの補償を受けられることになった。

協定書の前文にはこうある。

「見舞金契約の締結等により水俣病が終わったとされてからは、チッソ株式会社は水俣市とその周辺はもとより、不知火海全域に患者がいることを認識せず、患者の発見のための努力を怠り、現在に至るも水俣病の被害の深さ、広さは究めつくされていないという事態をもたらした。チッソ株式会社は、これら潜在患者に対する責任を痛感し、これら患者の発見に努め、患者の救済に全力をあげることを約束する」

しかし、「責任を痛感」したはずのチッソは、結局、患者の救済に「全力」をあげなかった。当時のチッソに向けられた社会の目は厳しく、交渉の激しさもあり、チッソ内部には「あれ（協定書）を認めるしかなかった」という声があるのは事実だ。とは言え、約束ともなったこの言葉が守られなかったことが、水俣病が今も続いている原因の一つでもある。

第三水俣病

三月の一次訴訟判決、七月の補償協定と、一九七三年は水俣病のターニングポイントになった年だが、もう一つ、第三水俣病という事件もあった。

第三水俣病とは、熊本県の水俣病、新潟県の新潟水俣病に次ぐ三番目の水俣病という意味だ。発端は熊本大学医学部の「一〇年後の水俣病研究班」（班長・武内忠男）が、一九七三年五月二二日、熊本県に提出した研究報告書の中の班長総括で、天草郡有明町に水俣病と同様の症状を持つ患者がおり、「この有明地区の患者を有機水銀中毒症とみうるとすれば、過去の発症と見るとしても、これは第二の新潟水俣病に次いで、第三の水俣病ということになり、その意義は重大であるので、今後この問題は解決されねばならない」と書いたことに始まる。

二年前の一九七一年六月、熊本大学医学部の九つの講座が参加する「一〇年後の水俣病研究班」が発足する。原因究明に当たった昭和三〇年代の研究班に続くという意味で、研究班を二次研究班と呼んだが、「一〇年後の」という名前に研究班の意気込みが表れている。

対象に選んだのは、水銀の濃厚汚染地区としての水俣市湯堂・出月《でづき》・月浦、次いで水俣の対岸である離島の天草・御所浦、そしてこれらの対照地区として、「汚染を受けていないと考えられていた」天草郡有明町の三地区であった。調査はどのように進んだか。熊本日日新聞は、診察に当たった神経精神科教授・立津政順の意気込みを伝えている。

「われわれが大学病院に引っ込んでいて限られた患者だけをみていてはどんな病気だって全体像を見失う。（中略）実態をはっきりつかみ、その上で対策を立てるべきだ。この動きを防ぎ止めようとするのは大海の水を止めようとするのと同じで、出来るものではない」（一九七一年九月一三日付朝刊）。

第三水俣病の可能性を示唆する報告の影響は大きく、この後、福岡県大牟田市、山口県徳山湾など全国各地で水俣病を疑われる患者が相次いで報告される。大牟田市も徳山湾も化学工場が並んでいた。中でも徳山湾には、水銀を使用する日本有数の苛性ソーダの工場群があった。苛性ソーダは石鹸や染料、パルプ工業、石油精製など工業用に広く使用され、水銀が触媒として使用されていた。昭和三〇年代のチッソ水俣工場のアセトアルデヒドが日本の化学工業界にとって重要だったように、昭和四〇年代、苛性ソーダの生産は重要な位置を占めていた。

有明町の汚染源として熊本県宇土《うと》市にある日本合成化学熊本工場に疑いの目が向けられたのは、チッソと同様、水銀を使用するアセトアルデヒド製造工程を持っていたからだ（**表4**参照）。

表 4　アセチレン水付加反応法によるアセトアルデヒド製造工場

<table>
<tr><th>工　場</th><th>所　在　地</th><th>稼働期間</th><th>製造能力（1963 年，トン）</th><th>生産実績（1960 年，トン）</th><th>廃水放流先</th></tr>
<tr><td>チッソ水俣工場</td><td>熊本県水俣市</td><td>1932.3-68.5</td><td>48,000</td><td>45,245</td><td>水俣湾（一時水俣川口）→不知火海</td></tr>
<tr><td>大日本セルロイド新井工場</td><td>新潟県新井市</td><td>1937.3-68.3</td><td>24,000</td><td>22,142</td><td>渋江川，関川→日本海</td></tr>
<tr><td>日本合成化学熊本工場</td><td>熊本県宇土市</td><td>1944.1-65.4</td><td rowspan="2">18,000</td><td rowspan="2">15,969</td><td>浜戸川→有明海</td></tr>
<tr><td>日本合成化学大垣工場</td><td>岐阜県大垣市</td><td>1928.2-64.9</td><td>水門川，揖斐川→伊勢湾</td></tr>
<tr><td>昭和電工鹿瀬工場</td><td>新潟県東蒲原郡鹿瀬町</td><td>1936.1-65.1</td><td>12,000</td><td>11,800</td><td>阿賀野川→日本海</td></tr>
<tr><td>電気化学青海工場</td><td>新潟県西頸城郡青海町</td><td>1945.4-68.5</td><td>12,000</td><td>10,890</td><td>青海川→日本海</td></tr>
<tr><td>三菱瓦斯化学松浜工場</td><td>新潟県新潟市</td><td>1960.7-64.1</td><td>10,000</td><td>4,244</td><td>新井郷川→日本海</td></tr>
<tr><td>鉄興社酒田工場</td><td>山形県酒田市</td><td>1939.4-64.12</td><td>3,600</td><td>2,826</td><td>酒田港→日本海</td></tr>
</table>

出典：有馬澄雄編『水俣病――20 年の研究と今日の課題』（青林舎，1979 年）より．

熊本大学研究班の第三水俣病の指摘に対し、環境庁長官・三木らの反応は素早かった。その対応の早さは、危機感の表れと言えなくもない。

環境庁など四省庁の調査団が熊本に派遣され、調査を始めるが、報告書は、環境汚染の調査が十分になされていないなど六項目にわたる疑問点を挙げた。報告から二カ月が過ぎ、二次研究班と立場を異にする医学者の間では、研究班の手法を問題視する声が広がり始めていた。環境庁の調査会で報告を否定する中心になったのは、皮肉なことに、研究班のお膝元の熊本大学医学部第一内科の徳臣晴比古らだった。

班長の武内が後に「水俣病におけるガリレオ裁判」と題して寄せた調査会のやりとりを紹介する文章がある。

第三回目の会合となった八月一七日。五時間にわたる議論となったが、ここでは徳臣と立津が、患者を撮影した八ミリフィルムを見ながら「患者ではない」「いや患者だ」とやりあう場面がある。主な対立は、水俣病の主要症状の一つである運動失調をどうとるか、であった。徳臣は「ない」とし、立津は注意深くみれば「ある」とした。「患者個人だけを診ても診断はできない。映画ではわからぬが、診察して何回も診ると（症状が）ある」と立津が繰り返しているのが印象的である。

第三水俣病事件は水俣病問題の分水嶺ともなった。以降、水俣病像を広く見ようとしていた武内、立津らの影響力が弱まり、熊本大学医学部では水俣病問題を語ることがタブーとなって控えられるような雰囲気が醸成された。環境庁では、「否定できない場合は認定」とした一九七一年の事務次官通知を事実上変更し、症状の組み合わせを求める一九七七年の判断条件作成への流れとなっていく。

水俣病を告発する会

一次訴訟の提訴直前の一九六九年四月、患者を支援する「水俣病を告発する会」（本田啓吉代表）が水俣在住の作家・石牟礼道子らの要請を受けて熊本市で発足する。同会は会の行動原理を「義によって助太刀致す」と、やや古風な言葉で表現した。

運動体といい、組織といい、ある目的を持って誕生したものの本質は、およそそのスタート時を構成する人によって決まることが多い。

告発する会の理論的支柱となった思想史家の渡辺京二は、石牟礼から支援組織の結成の依頼があった時に、「代表の念頭に浮かんだ」のが本田啓吉だったという。本田は高校の国語科教諭で、教職員組合役員の経歴を持つが、その人となりはまさしく「義」の人だった。告発する会の機関紙「告発」第二号（一九六九年七月二五日）に載った「義勇兵の決意」が本田の「義」と、告発する会の精神を表すものとなった。「敵が目の前にいてたたかわない者は、もともとたたかうつもりなどなかった者である。そんならもう従順に体制の中の下僕か子羊になるがよい。（中略）そうわたしは自分に言い聞かせ、水俣病市民会議の人たちが患者家族と共にととのえた戦列に参加することを決意した。（中略）それがわたしが死んでいない証拠にもなるはずである」

「告発」の第一号（一九六九年六月二五日）にはこんな「案内」がある。「「水俣病を告発する会」は水俣病患者と水俣市民会議への無条件かつ徹底的な支援を目的としている。水俣病を自らの責任でうけとめ、たたかおうとする個人であれば誰でも加入できる」

裁判支援のための動員の話の時のことだ。事務局が告発する会の参加人数を聞いてきた。「明日になってみないと分からない」と本田。「バスや弁当の用意があるのでこれでは困る」と事務局。本田は「私にも分からんものは分からん。誰も来ないかもしれないし、バスに乗りきらんかもしらん」。事務局が「それではバスの用意ができない」。これに対し本田は「その気があればどんなにしても来る」。このやりとりには、告発する会とその代表の本田の気分がよく出ている。

一九六九年四月、渡辺京二、小山和夫の連名で出された一枚のビラ。チッソ水俣工場正門前への座り込みを呼び掛けるものだが、こんな言葉がある。

「水俣病問題の核心とは何か。金もうけのために人を殺したものは、それ相応のつぐないをせねばならぬ。ただ、それだけである。水俣病は「私人」としての日本生活大衆、しかも底辺の漁民共同体にくわえられた「私人」としての日本独占資本の暴行である。血債はかならず返済されねばならない」

ビラには水俣病をどうとらえるか、ということが渡辺らの言葉で端的に表現されている。ここには、例えば環境問題という視点はない。

「自立した個」の集まりとしての「水俣病を告発する会」は運動の高揚とともに、全国に広がっていったが、各地の支援者は勝手に告発する会を名乗り、それぞれの責任において活動した。裁判、自主交渉、厚生省への抗議、チッソ株主総会への乗り込み。支援の根底の「核」は「患者の思いを晴らす」ことであり、方法論としてはその直接性にあった。

公害反対運動の高まり、全共闘運動の高揚と退潮、ベ平連などの市民運動の広がり等々、水俣病以外の社会の動きも多様であったが、告発する会にはそうした人々も参じて、大きなうねりをつくっていった。

水俣という風土

ここで、熊本と鹿児島の県境の水俣という風土についても少し触れてみたい。

小さな寒村が工業都市になったのは、チッソの進出によってだが、近代に入ってからの水俣は、明治、大正、昭和を通じた言論人・徳富蘇峰《とくとみそほう》(一八六三―一九五七年)と弟の作家・蘆花《ろか》(一八六八―一九二七年)の兄弟が育ち、詩人の淵上毛錢《ふちがみもうせん》(一九一五―一九五〇年)も生まれた。

谷川四兄弟も水俣生まれ。民俗学者の健一、詩人の巌(雁)、東洋史研究家の道雄、エディタースクールを創設した吉田公彦。四人とも既に故人となったが、健一が水俣病についてこう語ったことがある。

「ぼくたちにとっては、水俣病というのは水俣よりは小さい。というよりは、水俣病よりは水俣が大きいと言っていい。(中略)全体的にゆるやかな裾野みたいな生活があって、牧歌的なものの中に、反牧歌的なものが突然爆弾のように投げ込まれたのが水俣病なんですね」

ここには、水俣出身者にとって身を裂かれるような思いが吐露されている。確かに、水俣病は最初からあった訳ではない。健一の言葉を借りれば、小さな町の夕焼けと朝焼けがあって、小魚を工員がはらわたを出して料理しているそんな日常がまずあった。そんな「何か手ざわりのあるものがあったのが一転したみたいなところが、ぼくたちにとっての水俣病にはあるんです。よその人が水俣病を受けとめる場合とぼくたちの違いはそこにあるんです」とも言う。

健一は、水俣は海を介して天草はもとより沖縄などとの交流があり、「国の果ての持つ、一種の桃源郷」だったという。そこにとてつもない大きな亀裂を入れたのが水俣病であった。「水俣病より水俣が大きい」と言う健一の指摘には、風土の歴史の中に落として水俣病を見ていく長い射程を持った視線がある。一連の作品で石牟礼が描く水俣被害民の深い意識層にも健一の指摘をうかがわせるものがある。

■人・ひと③　川本輝夫(患者)

被害者運動に大きな足跡を残した一人が川本輝夫だ。水俣市に生まれたが、父・嘉藤太は対岸の天草・牛深《うしぶか》から水俣に移住した。チッソに職を求めてのこと。水俣には天草から移り住んだ人が少なくない。石牟礼も天草・河浦町で生まれ、水俣で育った。

職業を転々とした後、精神科病院の看護人見習いとして働いたことが川本の大きな転機となった。ここで発病した父親の狂騒状態での死と直面し、水俣病の「認定」という問題にぶつかる。

「俺が鬼か……。親父《おやじ》は……六九で死んだぞ……。精神病院の……、畳もなか部屋で……、牢屋のごたる檻の中で……誰にも看取られず……一人で死んだぞ……。痩せ細った親父の身体を抱いて俺は、情けなくて……一人泣いたぞ……。ひと匙《さじ》なりと米の粥《かゆ》ば、口に入れてやろうごたったた……。その米を買う銭もなかった……。わかるかな……社長……」

　一九七一年一二月、川本は東京・丸の内のチッソ本社で自主交渉を始め、チッソから締め出された後は、丸の内の本社ビル前の路上にテントを張って続けた。この言葉は、体調不良を理由に交渉の席から外れようとするチッソ社長の島田賢一に向け、川本が発した言葉である。

　不知火海沿岸を回り、患者発掘を続けた。「素人」であることが川本の強みだった。「例えば脳卒中のような、既に病気を持っている人が水銀に汚染された魚を食べたらどんな症状になるか」などと医師に問い掛けたりした。また晩年まで水俣病の原因にも疑問を持っていた。原因は有機水銀とされたが、それまではマンガン、セレン、タリウムも疑われてきた。このため川本は「複合汚染ではないか」と疑っていた。こうした発想の土台は水俣病事件の持つ不条理にあるというのが川本の説明であった。「水俣病事件がいろいろ教えてくれるんです」。川本は水俣病を語る時に一枚の図を使った。水俣病事件史を描いた関係図だ。そこには、健康・環境破壊、医学、差別、行政、司法……およそありとあらゆる水俣病をめぐる事象が書かれてあり、さながら川本流の「水俣病曼荼羅図」の観があった。

　東京・丸の内のチッソ本社での抗議行動の際、チッソ社員に傷害を負わせたとして七二年に起訴された川本。一九七七年六月の東京高裁は「百尺竿頭《ひゃくしゃくかんとう》一歩を進めて」「本件公訴を棄却する」との判決を言い渡す。公益の代表としての検察が独占する公訴権を裁判所が真っ向から否定したのである。

「本件は訴追を猶予することによって社会的に弊害の認むべきものがなく、むしろ訴追することによって国家が加害会社に加担するという誤りをおかすものでその弊害が大きいと考えられ、訴追裁量の濫用に当たる事案であると結論する」

　水俣病問題の核心に触れた判決だったが、これも川本の行動が身を挺《てい》して引き出した判決とも言える。「熱意とは、ことある毎に意志を表明することにほかならない」。川本が好んだ言葉である。

　一九九九年、肝臓がんで亡くなる。享年六七。

第四章　水俣病とは何か——事件の核心が現れる

裁判での勝利、補償協定の締結で水俣病は新たな局面を迎え、事件の核心部分が露呈する。地殻変動とも呼んでいい現象は、まずは申請者の増加として表れた。申請者の増加は、チッソが補償に耐えうるかという懸念を深刻化させる。新たな水俣病の判断条件が作られたことがさらに問題を複雑化させていく。

五二年判断条件

一九七三年の一次訴訟判決、補償協定以降、熊本県への認定申請者は年間一九〇〇件を突破する勢いとなった。熊本県は集中検診でスピードアップを狙うが、「でたらめ検診」などと逆に批判を受け、未認定患者の問題は一気に社会問題化する。認定業務の遅れは県の怠慢で違法とする訴訟も起こされる。

水俣病の認定基準は、前出した「四六年次官通知」と呼ばれる一九七一年に出されたものがあった。「一つの症状でも、水俣病を否定できない場合は認定」としたものだ。第三水俣病事件を収拾した環境庁は一九七五年に認定検討会を設置、新潟大学教授の椿忠雄らが中心となって「四六年次官通知」の再検討に入り、出されたのが一九七七(昭和五二)年に環境庁環境保健部長通知として示された「後天性水俣病の判断条件」、いわゆる「五二年判断条件」である。

ポイントは、感覚障害を中心に幾つかの症状の組み合わせがなければ水俣病とは認めないとしたことである。「四六年次官通知」を分かりやすくした、というのが環境庁の説明で、変更ではないということだったが、数字の上ではこれ以降、認定が大きく減少、逆に棄却が増大することとなった。翌七八年には環境庁は「水俣病である蓋然《がいぜん》性が相当高い場合に認定する。処分保留者については、新しい資料を得られる見込みがない場合は認定しない」とする新次官通知を出した。

しかし、五二年判断条件と環境庁の姿勢はその後、司法から批判され続けていく。

水俣病二次訴訟控訴審判決(一九八五年、確定)は、五二年判断条件が「水俣病患者を網羅的に認定するための要件としてはいささか厳格に失する」と批判した。判決の確定を受けて環境庁は専門家会議を招集し、議論したが、この時のメンバー八人のうち五人は判断条件を作った認定検討会の委員だった。当然のように結論は「判断条件は妥当」とした。翌年の一九八六年、熊本地裁は、認定を棄却された四人の処分取り消しを求める初めての訴訟で、水俣病の判断基準について「狭きに失する」とし、認定審査会の判断を「狭隘《きょうあい》な認定基準に固執した審査」と批判した。

「高度な学識と豊富な経験」(環境庁)を誇る認定審査会側は訴訟では敗訴し続けたが、しかし国は「司法と行政は別」として認定基準を変えなかった。

水俣病関西訴訟で、最高裁判決で支持された大阪高裁判決を言い渡した裁判長・岡部崇明は、二〇〇四年、熊本日日新聞のインタビューで明快に語っている。「水俣病の認定基準が出た一九七七年からこれだけの時間がたっているのに、同じ基準を使っている。最新の知見を取り入れるべきだ。水俣病の症状は多様で、認定基準だけが物差しではない」

和解への流れ

被害者運動の側面から見れば、一九七〇年代後半から一九八〇年代、そして一九九〇年代と、大きく二つの流れがあった。一つは川本らの動きであり、もう一つは水俣病被害者・弁護団全国連絡会議(全国連)の動きだ。

川本らはさまざまな裁判や直接行動を通して、認定制度の矛盾を突き、風穴を開けようとした。

認定の遅れは県が一定の期間でやるべき義務を果たしていないからだ、とする不作為違法確認の訴えは熊本地裁で七六年に全面勝訴。判決は、認定までの期間を申請から二年間と明示した。環境庁の意向に逆らって熊本県は控訴せずに確定させたが、認定業務は依然として停滞したままだった。そこで川本らはさらに不作為の期間の賠償を求める裁判、待たせ賃訴訟を提起する(一、二審勝訴、最高裁で差し戻しで敗訴、九六年)。川本らはこの裁判を待たせ賃訴訟と呼んだが、行政は待ち料と呼んだ。待たせたのか、待っているのか、ここにも被害者と行政の意識の違いがある。

一方、全国連は熊本、福岡、京都、東京と各地で大型訴訟を次々と提起、原告の高齢化を踏まえ、「生きているうちに救済を」をスローガンに、各裁判所からの和解勧告を連続して引き出す方針を立てた。このころ、全国連の関係者はこう言ったものだ。「川本さんらのやり方をゲリラ戦とすれば、自分ら(全国連)は重戦車だ」。全国連が考えたのは「司法救済システム」である。行政主導の認定基準とは別に、裁判所が関与する和解によって早期決着を図ろうとするものだ。あわせて、主導権を国ではなく、自分たちが握ろうという目論見もあった。

薬害スモン事件で中心になった弁護士らが水俣病訴訟に参加、一九九〇年の東京地裁の和解勧告を皮切りに、以後、和解勧告は熊本、福岡、京都の各地裁、福岡高裁と続き、事態は和解へ大きく動くかに見えた。しかし、ここで国は「行政の根幹にかかわる問題」として和解協議への参加を拒否、原告と熊本県、チッソの三者による協議が始まった。しかし国の欠席という影響は大きく、和解協議は手詰まり状態となっていく。そして、舞台は政治の場に移る。

和解を拒否した国だったが、一方で独自の対策の準備を進めていた。公害健康被害補償法(公健法)の枠組みによる水俣病問題の解決に環境庁としても限界を感じていたからだ

環境庁長官は中央公害対策審議会(中公審)に今後の水俣病対策のあり方について諮問、中公審の環境保健部会水俣病問題専門委員会(委員長・井形昭弘)が検討を始めた。鹿児島大学学長も務めた神経内科の井形は、認定制度から外れる「ボーダーライン層」の救済を考えるべきだという提言をかねて行っていた。答申は、判断条件を変更するような新たな知見はないとしながらも、四肢末端優位の感覚障害を訴える者は少なくなく、これらの人が自分を水俣病と考えるには無理からぬ理由がある、として、水俣病発生地域の住民が抱える健康上の問題の軽減、解消を図る必要性を指摘した。こうして一九九二年、一定の症状がある人に医療費と療養手当を支給する水俣病総合対策事業がスタートする。行政として初

めての施策だった。

政府解決策

「何人、いくらかなんですよ」

霞が関から漏れる言葉である。水俣病の解決策を作るにしても、何らかの行政上の対策を作るにしても、大蔵省（現・財務省）との交渉の中では、結局、何人が対象で、予算はいくら必要かが問われることになるというのだ。事実、この「何人、いくらか」は救済をめぐる交渉の中で、極めて現実的なテーマとなっていく。しかし、この「何人、いくらか」の見積もりは、結局は外れることになっていく。なるべく事件を矮小化し、被害を小さく見ようとする行政やチッソの思惑を現実が超えるからだ。

「三本柱」という言葉もある。

一九七三年の一次訴訟判決と補償協定で、一時金、医療費、療養手当（年金）の三つが認定患者に支給されることになったことから、水俣病救済のスキームではこの三つが必要条件とされた。政府解決策に向けた和解の動きに沿ってみれば、環境庁が独自に進める総合対策医療事業で、三本柱の医療費、年金は事実上既に用意され、残すは一時金だけと見ることも可能で、これも和解の動きを後押しすることになった。

和解勧告を拒否したころの霞が関の雰囲気はどうだったか。細川護熙政権下で事務方のトップにいた人物が「和解は共産党系の病院で、頭も痛くない人が頭が痛いと言ってそのまま診断された人が金をくれと言っている話だろう。財源の問題というより、国の決定など無視してしまえという話で、行政の筋から言って難しい話だ」と語ったことがある。その後、「（病院の話は）そのような話を聞いたことがある、ということで言った」と訂正したが、当時の霞が関が水俣病問題をどう受け止めていたかがよく分かるエピソードであった。こうした姿勢はその後も続く。

裁判所の和解協議が膠着する中で、動き始めたのが政治である。当時は自民党、社会党、新党さきがけの連立政権。非自民の細川・羽田政権が崩壊した後、自民党が政権に復帰、社会党の村山富市を首相にした政権で、水俣病を「戦後未解決の問題」と位置付けた社会党が政治決着を強く働き掛けた。また政策推進の実質的エンジンとしての自民党が前向きになったことも大きかった。

一九九五年一二月一五日、政府は水俣病問題の解決策を最終決定し、水俣病事件史上初めて首相談話が出された。しかし談話の中身は何回かの手直しの末に、国の責任については「その時々においてできる限りの努力をしてきた」とした上で、「的確な対応をするまでに、結果として長時間を要したことについて率直に反省しなければならない」と結果責任を強調することに終始する内容となった。政府解決策は一時金を二六〇万円とし、五つの被害者団体に六〇〇〇万円から三八億円の団体加算金が支払われた。対象者は水俣病ではないが、一定の症状（四肢末端優位の感覚障害）があり「救済を求めるには無理からぬ理由がある」と位置付けた。

政府解決策は、水俣病問題の「最終、全面解決」が主眼とされたが、裁判費用の補てんなどを目的とし、使途を各団体に任せた「団体加算金」に「紛争解決」という性格がよく現れている。政府解決策の対象者は、一時金が約一万人であった（六頁の表2参照）。この約一万人の一時金受給者のうち約七〇〇〇人は団体加算金対象の五つの団体に所属しておらず、結果的には実際の一時金受取額に格差が生じることになった。その一方で対象外とされた団体の会員には、この加算金を使って手当てすることもできた。

一時金二六〇万円は、それまでの判決が示した認容額に平均寿命なども考慮して算定されたが、最後まで紛糾し、協議の責任者が「政治の判断に積算根拠はない」と言うほどだった。

「何人、いくらか」に戻れば、当時の熊本県知事の福島譲二は対象者を五〇〇〇人、環境庁は予算要求で八〇〇〇人としたが、現実にはこうした予測をはるかに超えるものとなった。

この政府解決策を唯一拒否したのは全国連とは別の水俣病関西訴訟グループで、訴訟を継続した。そして二〇〇四年一〇月、最高裁は、国と熊本県の責任について「国、熊本県は遅くとも一九五九年末には工場排水を規制できたはずだ」と初めての判断を示し、水俣病の判断でも行政の基準では水俣病とされなかった原告らを水俣病と認めた。これまで国と熊本県は、国家賠償法上の責任はないという前提で行政施策として対策を行ってきた。その意味では、最高裁判決は水俣病発生、拡大の責任者として国と熊本県を断罪したことを意味し、根本的な態度変更を迫るものとなるはずだった。しかし、結果としてそうはならなかったが、ここでも少数者が状況を切り開く水俣病事件史が再現され、最高裁判決で、再び水俣病問題は振り出しに戻った。

チッソ県債

ここで、チッソ県債について説明したい。

水俣病では、被害者の救済より加害者の救済が先行したと言われるが、それを象徴する制度である。「チッソをつぶさず、ＰＰＰ(汚染者負担の原則)は曲げるな、という二律背反の命題を解くのに頭を痛めた」。当時の大蔵省の担当者の感慨である。

熊本県が県債を発行し調達した資金をチッソに貸し付け、患者補償に充てる県債方式がスタートしたのは一九七八年だ。実はこの年、国はチッソ県債、国の審査会、次官通知という三点セットの「政治決着」を目指した。背景には、患者への補償金支払いでチッソの経営が急速に悪化し、一九七七年九月期には七八億円の資本金に累積赤字が三一二億円となったことや、その一方で危機感をもった地元からチッソ存続の強い声が上がったことがある。

県債を熊本県に引き受けてもらう見返りとして、国は臨時措置法で認定業務の一部を肩代わりする「国の審査会」をつくり、新たに環境庁の事務次官通知を用意した。三点セットの対策はこんな構図である。新次官通知は、前述の通り、「水俣病である蓋然性が相当高い場合に認定」などとした内容だ。前年の一九七七年には、認定に当たって症状の組み合わせを求めた「五二年判断条件」を示しており、次官通知は認定要件をあらためて厳格化するものとされた。「認定基準を厳しくし、国の審査会を作って処分を急ぎ、補償は県債で万全を期す」。当時の関係者が語った言葉だ。

しかし、事態はそうすんなり「決着」とはいかなかった。チッソ県債はこの後、金額が膨らみ、その都度県は「国の一〇〇%保証」を求めた。スタート時には、ＰＰＰから「国の真水(国費)は絶対入れない」としていたものが、やがて、「もうそでも償還計画は描けない」状態、つまりは破綻状態となり、自民党内でチッソの抜本支援策が検討される事態となった。県債による支援方式を廃止し、チッソの公的債務のうち自力返済できない分を国の補助金と地方財政措置で毎年肩代わりし、一九九五年の政府解決策の一時金のうち国が補助した約二七〇億円の返還も免除するという異例の措置は二〇〇〇年二月、閣議了解された。患者補償に万全を期すという大義名分はあったが、「国の真水(国費)は絶対入れない」という当初の約束はあっさり反故にされた。

県債をめぐる二〇一七年三月末の数字を見ておきたい。患者補償、ヘドロ処理費の立て替え、一時金県債など六種類に広がった県債の償還予定総額は約三七四七億円、償還累計約一五二八億円、未償還額は約二二一九億円に上っている。

水俣病事件史は、国とチッソが相互依存を繰り返してきた歴史とも言える。

二〇〇九年に成立した「水俣病被害者の救済及び水俣病問題の解決に関する特別措置法」、いわゆる水俣病特措法もその多くが〝チッソのための法律〟である。

特措法の眼目は二点ある。一つは国の基準で水俣病と認められない人の中で、一定の症状のある人を救済することであり、もう一つはチッソ分社化の手続きである。

特措法は微妙な政治の時期に成立した。自民党から民主党への政権交代が具体的に語られる慌ただしい時期。「廃案になる前に妥協できないか」。こんな思いが与野党の関係者にあった。二〇〇四年の最高裁判決で国と熊本県の責任が確定、国の認定基準も批判され、申請や訴訟に訴える人が増加したことが、特措法成立の背景にあった。成立過程では、一時金の金額も明記しないといったバタバタぶり。「あたう限りすべて救済」や「不知火海沿岸の健康調査」の実施など懸案の課題も書き込まれたが、具体論はなく、特措法の大部分を占めたのがチッソ分社化の手続きだった。

分社化はチッソを患者補償などを行う親会社と、事業を営む子会社に分離、子会社株の売却益を補償などの原資とする仕組みで、「救済が終了し、市況が好転するまで子会社株売却は凍結」とされたが、法律の肝はチッソが消滅する道筋が初めて引かれたことである。二〇一〇年の年頭所感で、チッソ会長・後藤舜吉が語った「水俣病の桎梏《しっこく》」からの解放である。一九九五年の政府解決策に次いで、第二の政治決着とも言える特措法受け入れにあたってチッソが強く要望したのが分社化だった。

振り返ってみれば、チッソも国もそれぞれが相手を必要としてきたのでないか。国は自分たちが正面に出なくていいようにチッソが必要だったが、その必要がなくなったので、チッソの分社化を容認した、ということもできる。チッソはチッソで、可能な限り国を利用した。

「東京電力を免責せず、つぶさず、支払いを国が支える」という東日本大震災での東京電力福島第一原発事故をめぐる賠償スキーム。論議の過程で参考にされた一つがチッソ県債のスキームだった。

亀裂

問題が長引くにつれて、患者への厳しい視線はより深いものとなった。一九七五年八月八日付熊本日日新聞朝刊に「申請者にニセ患者が多い」という見出しの記事が載った。「〝補償金が目当て〟　特別委発言　環境庁はア然」。見出しにはこうもあった。

熊本県議会の公害対策特別委員会が環境庁に陳情に行った際のことだ。

「だいたい認定即補償という仕組みがいけない。ニセの患者が補償金目当てに次々に申請している。もはや金の亡者だ。これじゃたまらん」

「運転免許のさいは視野狭窄で見えないのに、検診の時は視野狭窄じゃないと答える」

「県知事や県の職員は環境庁に遠慮して、こういったことは言ってこなかった。しかし、これは事実であり、これまで私たちが言ったことは県民の声だ」

現職の県議会幹部による発言であった。

陳情の狙いは、認定制度の抜本改革。というのも、川本らの行政不服審査請求での逆転認定や患者勝訴判決に伴って申請者が急増したことが背景にあった。

しかし「ニセ患者」という表現は、被害者からすれば、存在そのものの否定を意味する言葉である。怒った申請者らが抗議、この一連の混乱で申請者・支援者四人が逮捕、起訴されることになった。申請者らが名誉毀損による損害賠償を求めて提訴すると、県側は一転して発言そのものがなかったとして報道を否定した。結果は県側の敗訴となり、熊本日日新聞に謝罪広告が掲載されたが、一連の経過は水俣病における差別や偏見の根深さの一端を表している。

差別、偏見の構造は幾つかの層がある。

水俣病発生の初期のころ、患者家族が差別を受けたことは知られている。伝染病の疑いがかけられた時期。チッソが流した有機水銀が原因と分かってからもそれは長く続いた。

市民意識の問題もある。一九七五年の環境庁への陳情に見られたような発言の背景にあるのは、チッソを守ろうという意識である。患者が多くなり、その補償によってチッソの経営危機が叫ばれるようになってくると、「これ以上、患者が増えては困る」という意識が出てくる。こんなことがあった。二〇〇四年の最高裁判決の後、医療費を補助する新保健手帳という制度ができた。対象者は万を超える数字となったが、汚染地区の区長は言ったという。「一時金はチッソに負担をかけるが、手帳は行政の仕事でチッソに負担をかけないので気が楽だ」。今も現地にある気分である。

「ニセ患者」発言に見られるような意識を変えようと、一九九〇年前後から、熊本県がリードするかたちでさまざまな取り組みが行われ、こうした結果の一つとして、一九九四年、水俣病犠牲者慰霊式で水俣市長の吉井正澄が「十分な対策を取り得なかったことを誠に申し訳なく思う」と市長として初めて謝罪し、市民意識の「もやい直し」を提唱した。「もやい直し」とは、船のロープをくくり直すという意味で、以後この言葉は地域再生のキーワードともなったが、しかし今もまだ亀裂は走ったままだ。

吉井は「もやい直しの人生」という熊本日日新聞の連載で書いている(二〇一二年六月一〇日付朝刊)。二〇〇〇年に水俣市が『水俣市民は水俣病にどう向き合ったか』という本を出した時、匿名の座談会で、「やっぱり金でしょう。いやらしい」という発言があり、「語り部は水俣病で講演料稼ぎをやっている」との記述もあったという。語り部は水俣市立水俣病資料館で活動する患者・家族だ。抗議した語り部に、「こんな状況だからこそ語り部が必要なんです」と吉井は説得したことを明かしている。

差別を生んでいる一因に、認定基準を変えない行政のかたくなな姿勢もあると指摘したのは、熊本大学名誉教授の丸山定巳だ。丸山は水俣病研究会のメンバーで社会学の立場で水俣病に向き合ってきた。認定基準が実態から離れている点を具体的に被害者が指摘し、司法が繰り返し認定基準を批判しても、行政がまったくその姿勢を変えないことで、誤っているのは被害者側の方ではないかとする意識が一般市民の中に生まれている、という分析だった。

水俣市民の意識とは別に、水俣の外から向けられる差別の視線は今も続いている。

二〇一〇年七月一五日付の熊本日日新聞は、水俣市の中学生が県内の他市の中学校とのサッカーの試合中に、相手側の生徒から「水俣病、触るな」という発言を受けていたことを伝えている。こうした差別的発言が明るみに出るのは初めてではない。

■人・ひと④　原田正純（医師）

原田正純が熊本市の自宅で亡くなったのは二〇一二年六月。急性骨髄性白血病。七七歳だった。

穏やかな笑顔を絶やさなかった原田だが、胃がん、食道がん、脳梗塞など幾たびも病魔に襲われながらもその都度、克服。淡々と診察や授業、講演、執筆にあたってきたそのしなやかさが、原田ならではである。原田の足跡をたどると、そこには「偶然の必然」とでも呼ぶしかないようなものに気付く。

父親の故郷、鹿児島で育った原田が熊本大学医学部の神経精神科に学び、水俣病と出合う。主任教授となったのは東京から来た立津政順で、立津は「診察の場で診て、病棟で診て、生活の場で診ること」を原田らに徹底させた。その後、体質医学研究所に移った原田は、教授・鹿子木敏範のもとで、自由でのびやかな研究生活を送る。

原田の周りには、日本近代の宿痾《しゅくあ》とでも呼ぶしかない疾患があった。中心的な課題となった水俣病をはじめ、三池ＣＯ（一酸化炭素）中毒、カネミ油症、土呂久《とろく》ヒ素中毒など。原田は、こうした疾患の連続を「九州は植民地にされた」と表現した。しかし、いかに医師になろうとも、あるいは目前でこうした疾患がいかに連続しようと、そこに明確な意思がなければ、正面から立ち向かうことにはならないものだ。原田はそれを「見てしまった者の責任」という言葉で説明した。

原田は、「事実」を大事にした。その象徴は、自身の研究の出発点ともなった胎児性水俣病に関する一九六四年の論文について、自らその誤りを指摘する解題を加え出版したことだ。①患者の発生を時間的にも地理的にも狭く限定した、②胎児性を脳性小児まひ型に限定した、③その後の経過を追わなかった、などを誤りの理由とした。「失敗の教訓こそ大事。批判は進歩だ」。原田の持論だった。医学界では少数派だったが、原田が姿勢を曲げることはなかった。相次ぐ水俣病訴訟で患者側に立って証言した原田。敗訴した国や県は「素人の裁判官に何が分かるか」と言わんばかりの態度だったが、原田は「素人を納得させることができずにどうしますか」とやんわりかわした。

一九九九年、熊本大学医学部助教授から熊本学園大学教授に転身、二〇〇二年に熊本学園大学で、足尾鉱毒事件に学ぶ「谷中学」をヒントに「水俣学」を開講する。ここには「学ぶ」ということについて原田らしい明確なメッセージが込められていた。「水俣病学」ではなく、「水俣学」。弱者を大事にする、現場を忘れない、壁をつくらない、命を大事にする……。これらが水俣学のよって立つ場所である、と。

専門家と称する人や集団に対し、原田は厳しい視線を向けた。

三池CO中毒事件でも会社を不起訴へと誘導するような学者たちの働きがあった。「自分の言葉にどのような責任を取るというのだろうか」。原田はこんな疑問をいろんな場面で発した。しかし当の専門家から答えが返ってくることはなかった。専門家と称する人たちは概ね、匿名の世界で生きている。三池しかり、水俣しかり。水俣病の広がりも、症状の多彩さも「証拠がない」として、行政は否定した。しかし、「証拠」を消し去った張本人はだれか。長年、放置し続けることで、救済できたはずの被害者を水面下に沈ませてきたのはだれか。そのことを原田は問い続けた。放置を「科学」「専門家」の名で覆い隠すのは二重の罪ではないか、と。

亡くなる一〇日ほど前に会ったが、「データ上、僕は死んでいるんだよね」とさらっと語る、そんな人だった。

水俣病をめぐるまとまった本としては最後のものとなったのが、『宝子《たからご》たち——胎児性水俣病に学んだ五〇年』(弦書房)だ。「宝子」という言葉は、胎児性水俣病患者の上村智子の両親から出た言葉。母子は、写真家ユージン・スミスの「入浴する母子像」で世界に知られた。

その本で原田は、こんなエピソードを紹介している。

水俣高校に公害教育に熱心な先生がいた。この先生がある時、ユージン・スミスの写真を示して、いかに環境問題が大切か、環境を守らないとこのように不幸な子どもが生まれる、という趣旨の話をしたところ、その教室にいた智子の一番下の妹が手を挙げ、「その写真は私の姉です。姉のことをそんな風に言わないで下さい」と泣きながら話をした。差別や公害問題に熱心な先生だっただけに、「頭を殴られたような」ショックを受け、「反公害運動は障害を持つことは不幸だと決め付けてはいなかったか」との自問が始まった、という。

ここには、「意味のない命などない」という重い示唆がある。それを当の上村一家が身をもって示している。そして、母親の次のような言葉が続く。

「智子は〝宝子〟です。この子が私の胎内で水銀を全部吸い取ってくれたから、残りの六人の子供がみんな元気にスクスク育っているのです。ただ、この子ばかりにかかりきりになって他の六人の子にかまってられないので、つらいのです。ほかの子供が病気になっても、つい、この子にくらべればハシカやカゼなど、なんでもないと思ってしまうのです」

原田が書き残した言葉である。

■人・ひと⑤　杉本栄子（患者）

水俣病事件は、「人」を生んだ歴史でもある。水俣病という被害を徹底して引き受ける中で、人間再生の「芽」を言葉や行動で知らせる……。水俣市茂道の網元の一人娘として生まれた杉本栄子もそんな一人だ。茂道は、冒頭に紹介した熊本日日新聞で最初に「猫てんかん」が報じられた地区である。

一九三八（昭和一三）年生まれ。水俣病は茂道という地区も、網元の杉本家も、そして栄子自身も暗転させた。「うつるっちゅうてコメも売ってもらえんこともあった」し、周囲の刺すような視線の中、一次訴訟の原告ともなったが、漁で使う網を切られたり、縁側のガラス窓を割られたこともあったという。いつだったか、船から身を投げようとしたことがあった。すると船が持ち上がるぐらいにたくさんのイワシが集まって来て、飛び込むスキがなく、思わず捕ってしまったというのだ。こんな話を「魚に助けられた」と笑顔で語るのが栄子だった。「海と山はつながっている」という言葉で、海と山を全体で考える大切さを説いた。

「水俣病はのさり」というのも、杉本が繰り返した言葉だ。「のさり」とは天からの授かりもの、というほどの意味。水俣病になったお蔭で、見える世界が広がり、自分の心が深くなったというのだ。また「人が変わらんなら、自分が変わる」とも言った。これは父親から教わった言葉だった。交流が深かった石牟礼道子は「後ろすざりしてゆく背後を絶たれた者の絶対境で吐かれたどんでん返しの大逆説」と書いた。水俣市立水俣病資料館の語り部でもあった杉本。こうした言葉が生まれた場所にあったのは、「赦《ゆる》す」という精神ではなかったかと思う。被害を受けた方が、加害の側を赦す。「水俣病とそこに生じる諸現象の一切を、全部引き受け直す」（石牟礼）というのは、針の穴を通すような極めて難しい心の持ちようだが、しかし、そこにしか「負の連鎖」を断ち切る糸口がないと考えていたのではないか。

「知らんちゅうことは、罪ぞ」とも言った。石牟礼はこの言葉に「現代の知性には罪の自覚がないことをこの人は見抜いたに違いない」と書いた。付け加えれば、この言葉は、「すべてを知っているなどとゆめゆめ思うなよ」という逆説めいた警句でもあったようにも思う。

杉本が亡くなったのは二〇〇八年二月だが、三カ月前、がんとの闘病の中、熊本学園大学の水俣学講義に講師として登壇した。若者を相手に「皆さんが（水俣病を）自分のこととして考えてくれたとき、真実が見える」と語ったのが印象的だった。享年六九。胎児性、小児性患者が集う「ほっとはうす　みんなの家」を運営する社会福祉法人「さかえの杜」の理事長も務めた栄子が最も気に病んでいたのは、彼ら、彼女らの「これから」だった。

第五章　水俣病は続いている——未来への「財産」

国と熊本県の責任をどうとらえるかは、水俣病事件史を貫く大きな棒のようなものだ。ここでは、国家賠償法上の法的側面だけでなく、行政としての姿勢という点も含めて国と熊本県のあり方を考え、残された課題も幾つか指摘する。

まずは、訴訟の和解と特措法について説明したい。

救済を求めて裁判に訴えた「ノーモア・ミナマタ訴訟」の水俣病不知火患者会（大石利生会長）の集団訴訟は二〇一一年、熊本地裁で和解が成立した。熊本、大阪、東京の三地裁で合計二九九二人の原告に一時金二一〇万円に加えて療養手当など、特措法と同様の内容である。チッソとの協議で一九九五年の政府解決策と同様、団体加算金が四つの団体に四〇〇万円から二九億五〇〇〇万円が支払われた。その配分をめぐって会員から訴訟が起こされた団体もあった。

二度目の政治決着とも言える水俣病特措法の対象者は前出したように（表3）、合計三万二二四四人となった。特措法は締め切られたが、対象者の出生時期を、チッソが有機水銀を含む排水を停止した時期を踏まえ、原則として一九六九年一一月までとし、対象地域も認定患者の発生分布を基に設定したことから、対象外とされた人たちが訴訟を起こしている。ここでもまた線引きが繰り返された。

国と熊本県の責任

前出したように、水俣病の発生、拡大での国と熊本県の国家賠償法上の責任を確定させたのは二〇〇四年の最高裁判決である。「国、県は遅くても一九五九年末には工場排水を規制すべきだったのにこれを怠った」とし、国は旧水質二法によるチッソ水俣工場の排水規制を、県は漁業調整規則で有害物を除去する施設の設置を命じなかった不作為が問われた。

国と熊本県の国家賠償法上の責任をめぐっては、

下級審で五つの判断が示されたが、「責任あり」が三つ、「責任なし」が二つだった。三次訴訟一陣判決（熊本地裁、一九八七年）は、「行政は適切妥当な法規がない場合でも緊急避難的に重大な危害を防止する義務がある」という判断を示して、食品衛生法の適用をはじめ旧水質二法による排水規制、警察官職務執行法など各種規制の義務を怠った国と熊本県の責任を厳しく指摘した。判決はその後、和解となったために確定しなかった。

国と熊本県の責任をめぐってはこんな判決もある。「熊本県警察本部も熊本地方検察庁検察官もその気がありさえすれば（中略）各種の取締法令を発動することによって、加害者を処罰するとともに被害の拡大を防止することができたであろうと考えられるのに、何らそのような措置に出た事績がみられないのは、まことに残念であり、行政、検察の怠慢として非難されてもやむを得ないし、この意味において国、県は水俣病に対して一半の責任があるといっても過言ではない。（中略）時機を失した検察権の発動が惜しまれるのである。これにひきかえ、排出の中止を求めて抗議行動に立ち上がった漁民達に対する刑事訴追と処罰が迅速、悛烈《ママ》であったことは先に指摘したとおりである」

川本輝夫が東京・丸の内のチッソ本社での抗議行動の際、チッソ社員に傷害を負わせたとして七二年に起訴された事件で、公訴棄却とした東京高裁の判決文である。刑事事件の判決だが、水俣病事件における司法のあり方を具体的に示したものとして興味深い。

法的責任ということではないが、国民の健康を守るはずの環境省（庁）がどんな〝雰囲気〟の下で仕事をしていたかを象徴したのが一九八八年から八九年にかけてのＩＰＣＳ（国際化学物質安全性計画）問題である。ＷＨＯなどでつくるＩＰＣＳが、毛髪水銀の基準値は現行で五〇ｐｐｍとなっているが、最近の知見からすると、妊婦などは胎児への影響を考慮し二〇ｐｐｍ以下、もっと低い一〇ｐｐｍぐらいにすべきではないか、と各国に問題提起した。

これに対して環境庁は、これが認められると、「水銀の環境基準や水俣湾のヘドロ除去基準の見直し、新たな補償問題の発生、訴訟への影響など、行政への甚大な影響が懸念される」として、反論を行うための委員会を組織するため予算要求をしたのだった。この内部文書は熊本日日新聞で報じられたが、公表された委員会名簿は黒塗りのまま。そして、環境庁が反論しようにも、日本には長期微量汚染の継続的な研究が乏しいことが明らかになった。

二〇〇四年と二〇一三年、最高裁は水俣病の病像をどうとらえるかについて判決を出した。いずれも現行の判断条件とは異なる基準で広く判断したが、実はこれまでにも国はその姿勢を変えるチャンスがなかったわけではないのだ。

前出したように、水俣病二次訴訟控訴審判決（一九八五年、福岡高裁、確定）で、五二年判断条件が「水俣病患者を網羅的に認定するための要件としてはいささか厳格に失する」と批判された時にも変更することはせず、その後、同種の訴訟で「高度な学識と豊富な経験」（環境庁）を誇る認定審査会側は敗け続けたが、「司法と行政は別」として、認定基準を不磨の大典のように扱った。また川本らが一時、一〇〇〇万円を基準とする新たな補償協定を提案したこともあるが、取り合わなかった。

二〇〇四年の最高裁判決後も抜本的な対策は取らず、総合対策医療事業の一部手直しと〝休眠中〟だった国の認定審査会を約一二年ぶりに再開させたことぐらいだ。小池百合子環境相の私的懇談会が二〇〇六年九月に、認定基準の不備などを指摘した提言を行ったが、これも受け入れなかった。

二〇一三年の最高裁判決は、「症状の組み合わせが認められない四肢末端優位の感覚障害のみの水俣病が存在しないという科学的な実証はない」と判示したが、これに対しても環境省は、これは五二年判断条件に内包されている、という趣旨の考えを示して、ここでも基本的姿勢は変えなかった。このため、最高裁の言う「総合的検討」を矮小化しているとの批判が被害者をはじめ日本弁護士連合会などから起きた。

国家賠償法上の法的責任とは離れるが、国と熊本県の行政にかかわるテーマで、水俣病問題が終わらないことの一つに、不知火海沿岸一帯の健康調査がこれまで行われなかったことがある。

二〇〇四年の最高裁判決で、国と熊本県の責任が確定したことを受けて、熊本県は不知火海沿岸の居住歴のある約四七万人の健康調査の実施を国に求めた。しかし、国は聞く耳持たずの態度だった。有効性への疑問や予算の問題などがあったとされる。このため県は調査のあり方を探る専門家からなる検討会（座長・二塚信九州看護福祉大学長）を設置、地域を限定した一〇〇〇人規模のモデル調査などを具体的に提言したが、しかしこれに対しても国はまったく動かなかった。

その後、健康調査の問題は停滞している。度重なる国の拒否を受けて熊本県にも消極的な声があり、ある幹部は「科学的な有効性が担保されていない」と語った。時間の経過や住民の高齢化などで調査の有効性が不明ということのようだ。しかし、事は水俣病の全体像をどうやってつかむか、という問題である。しかも、法律に明記されたことだ。有効性には、科学的ということだけでなく、社会的、歴史的ということに軸を置いた判断もあろう。歴史にどう向き合うか、避けて通れない問題である。

「水俣条約」と埋め立て地

地球規模で水銀汚染を防止しようと「水銀に関する水俣条約」が二〇一三年一〇月、熊本市で行われた「水銀条約外交会議」で採択された。

水銀には、体温計などの「金属水銀」、化学工場で触媒などに使われる「無機水銀」、殺菌剤などの「有機水銀」がある。水俣病は有機水銀の一つメチル水銀による健康被害だが、自然界で無機水銀が有機化することが指摘され、世界的に深刻な問題となっている。国連環境計画（ＵＮＥＰ）によると、二〇一〇年に大気中に排出された水銀量は一九六〇トン。最大の発生源は小規模金採掘と石炭燃焼で、全体の六二％。アジア地域からの排出が世界の半分を占めている。このため、ＵＮＥＰが中心になって水銀に規制をかけようという動きになった。経済活動への影響が大きいことから交渉は難航したが、米大統領オバマのイニシアチブで一気に進展。「水俣条約」という名称は、日本政府の提案だった。

条約は水銀の輸出規制をはじめ、採掘から廃棄まで全ての段階で削減措置を講じているが、規制には自主規制的な条項が多く、その効果を疑問視する声もある。あえて「水俣条約」という名前を提案した日本政府も、重い責任を背負ったとも言える。二〇一六年二月三日に締結を閣議決定。二三カ国目だった。発効には五〇カ国の批准が必要だ。

熊本県は「水銀フリー（不使用）」に向けた対策を始めているが、最大の問題は水俣湾の埋め立て地だ。二五ｐｐｍ以上の水銀ヘドロを浚渫《しゅんせつ》し、五八ヘクタールの海面を埋め立てた。総工費約四八〇億円、一九九〇年に完成した。現在は運動公園などとして使われているが、高濃度の水銀ヘドロは無処理のままで、いわば「仮置き場」でもある。日本側がある国際会議で、環境復元の例として説明したところ、会場から「場所を移しただけではないのか」との辛辣《しんらつ》な疑問が出されたという。また、埋め立て地の海岸側には砂を詰めた円筒状の鋼矢板が打ち込まれているが、耐用年数は五〇年。地震での液状化の恐れもあり、「老朽化」を不安視する声は根強い。これに対して熊本県は有識者委員会の検討をもとに「二〇五〇年まで耐用可能」と判断、地震による液状化も「極めて濃度が低く環境への影響は少ない」と説明している。

天皇と水俣

二〇一三年、天皇皇后両陛下は「第三三回全国豊かな海づくり大会～くまもと～」に臨席のため来熊した。この時、初めて訪れた水俣で、市立水俣病資料館の語り部ら一人一人にねぎらいの言葉をかけ、自らの希望で胎児性患者との面談に臨んだ。

伏線があった。水俣訪問を前にして、石牟礼道子と皇后が都内で対面。「今度、水俣に行きます」と告げた皇后に、石牟礼がその後、「水俣ではぜひ胎児性の人たちと会っていただけませんか」と手紙を送ったのである。

「本当に、お気持ちを察するに余りあると思っています。真実に生きることができる社会をみんなで作っていきたいものだとあらためて思いました。本当にさまざまな思いを込めて、この年まで過ごしていらしたということに深く思いを致します。今後の日本が、自分が正しくあることができる社会になっていく、そうなればと、みんながその方向に進んでいくことを願っています」

これは、語り部の会会長の緒方正実が、水俣病を否定され続け、調査書には「ブラブラ」などと書かれた自分の半生を語ったのに対し、天皇が語った異例の長い肉声である。

日本という国の、水俣という一地方で起きた、高度成長の陰画とでも呼ぶべき水俣病を生んだ過去への反省と、これからの日本社会のあるべき姿への熱望。天皇の言葉にこんな思いを感じた人は多い。緒方はその後求められて、水俣湾埋め立て地の「実生の森」の木で作った「祈りのこけし」二体を両陛下に送った。緒方は発言の深さに「水俣と向き合いたいという本物の気持ちを感じ、心の救済を受けた」と言うが、それはそれまで緒方が歩んできた道があまりに厳しかったことの反映でもある。

天皇は水俣に関して、三首の歌を詠んだ。

「あまたなる人の患《わずら》ひのもととなりし海にむかひて魚《うお》放ちけり」

「患ひの元知れずして病みをりし人らの苦しみいかばかりなりし」

「慰霊碑の先に広がる水俣の海青くして静かなりけり」

三首を刻んだ碑は水俣湾の埋め立て地の一角に建つが、天皇と水俣は昭和という時間軸の中で深く関係する。

昭和天皇は戦前と戦後の二回、チッソ水俣工場を訪問した。チッソの社史が「天皇が同一会社の工場を二度三度訪問するのはめずらしいというべきだろう」と胸を張るのも無理からぬことだ。

一九三一年の訪問時、昭和天皇はチッソ創業者の野口遵から説明を受けた。『昭和天皇実録』にはこうある。

「窒素工場に進まれ液体空気の実験を御覧になり、続いて電解工場・アンモニア合成工場・硫酸アンモニア工場・同倉庫を巡覧され、また液体アンモニア充塡室《じゅうてんしつ》に陳列された各製品を御覧になる」

そして、敗戦後の一九四九年、昭和天皇は再びチッソ水俣工場を訪問する。『昭和天皇実録』から引く。

「酢酸人絹を製造するミナリーズ工場・酢酸ビニール工場等を御巡覧、諸所に堵列《とれつ》の工員に激励のお言葉を賜う」

戦前は新興財閥としてアジアに展開、戦後は食糧増産のために肥料などの生産に集中したチッソ。チッソの百年史によると、戦後の訪問の時には「日本再建、生産増強のためしっかりお願いしますよ」と社員たちを激励されたという。チッソは戦前も戦後も事実上の〝国策会社〟でもあった。

しかし、歴史は時として暗転する。

チッソが水俣病の原因である有機水銀を生み出したアセトアルデヒドの製造を始めるのは天皇来水の翌年一九三二年のことである。そして、戦後の訪問から七年後の一九五六年に、水俣病が公式に確認される。

天皇家と水俣病との関係ではこんなこともあった。現皇太子のお妃選びの時のこと。候補の母方の祖父がチッソ社長を務めた江頭豊だった。一九七〇年一一月、大阪であったチッソの株主総会に水俣病患者らが一株株主として乗り込んだ時、江頭は巡礼姿の患者たちのふり絞るような訴えを一身に受けた。皇太子の結婚に際して、当時の宮内庁の関係者が県知事・福島に意見を求めた。福島は、江頭は日本興業銀行出身でチッソ生え抜きではなく、水俣病の発生そのものに直接関係していない、などと答えたとされる。

胎児性患者の「これから」

二〇一六年一月。水俣市の水俣病情報センターに胎児性水俣病患者の姿があった。「NHKが見つめた水俣」という公式確認六〇年を記念する催しで、一九九一年に放送された「写真の中の水俣――胎児性患者・六〇〇〇枚の軌跡」が上映されたからだ。主人公は胎児性患者の半永一光《はんながかずみつ》。もの言わぬ半永だが、趣味のカメラで自身が見つめる世界を表現している。

映像に感嘆の声が上がった。皆若いのだ。観客はこの二五年という時間の長さにあらためて気付かされる。半永は幼いころに祖父と一緒に写った桑原史成の写真で知られるが、映像は当時、半永が入っていた水俣病患者施設「明水園」での日常をとらえている。半永は石牟礼道子の『苦海浄土』で杢太郎少年として登場する。『苦海浄土』で石牟礼は、爺さまにこう語らせている。「杢は、こやつぁ、ものをいいきらんばってん、ひと一倍、魂の深か子でござす。耳だけが助かってほげとります。何でもききわけますと。ききわけはでくるが、自分が語るちゅうこたできません」

映像には、同じ胎児性患者の金子雄二、鬼塚勇治、坂本しのぶらも見える。胎児性水俣病患者は今では六〇歳を超える者が多い。

映像から二五年。半永は手でカメラを持っていたが、今では持つことができず、スタンド式になった。

坂本しのぶがマイクを握る。「映像を見ていろいろつらかったことが浮かんできた」。搾り出すように話す坂本の言葉をみなじっと待っている。胎児性水俣病患者にとって切実な問題は、自らがどう生きるかだ。両親の立場に立てば、自分たちの後は誰が「この子の」面倒をみるか……ということになる。坂本も同じだ。「母親がどうなるか」と老いた母親を気遣い、そして続けた。「今、考えているのは、一人暮らしができればしたいということ。もっと自分たちの考えを言いたい。胎児性のみんなも自分の思っていることをもっと言っていいと思う」

「夢は何ですか」。司会者から質問を受けて坂本は言った。「自分の足で歩いてみたい」

患者らを支援する小規模多機能事業所「ほっとはうす」の施設長・加藤タケ子は映像の印象についてこう語る。「この二五年間、すごい月日を生きてきたとあらためて思う。彼ら、彼女らがこの地域の中で普通に暮らすことができなかったが、自分たちの目指すものとして「ほっとはうす」や「ほたるの家」もできた。限られた中ではあるが、これからも取り組みを進めたい」

胎児性・小児性患者が集う場所として拡充された「ほっとはうす　みんなの家」の落成式があったのは二〇〇八年のことだ。また介護を受けながら暮らすケアホーム「おるげ・のあ」も二〇一四年四月に完成、「ほっとはうす」に通う四人の入居でスタートした。「水俣・ほたるの家」は患者・支援者の交流施設で、坂本しのぶが通っている。

七〇人近くいるとされる胎児性患者だが、彼ら、彼女らの「これから」は、水俣が抱える大きな課題である。施設も変わらねばならないが、それより社会の側も大きく変わらねばならない。

＊

水俣病問題にかかわる中で、いろいろな生き方を選択する人がいる。医師として、あるいは行政に携わる者として、そして被害者本人として。三人を通して、水俣病問題の今後を考える。

■人・ひと⑥　鶴田和仁（医師）

一九四八年生まれの鶴田和仁が熊本大学医学部に入学したのは一九六七年だ。折から学園闘争の時代。熊本大学は生協の光熱費をめぐる問題から闘争に火が付いた。鶴田が参加したのはたまたまクラスの生協総代だったためだが、もとはくじ引きで選ばれた総代だった。参加は偶然だったが、闘争は次第に大学のあり方そのものを問うものとなり、先鋭化していく。

医学部ではその後、水俣病も問いかけのテーマとなった。認定審査会に強い影響を持つ教授の部屋を占拠したのもこのころだ。抗議のためだったが、鶴田らの問いかけの根底には「医学とは何か」があった。鶴田たちは「熊本大学社会医学研究会」を結成、水俣に借りた空き家を拠点に現地での家庭訪問を始めた。ここで鶴田たちは、放置されたままの被害者の存在を知ることになる。

鶴田たちは、熊本県衛生研究所が行った毛髪水銀値のデータを基に天草・御所浦の自主検診を始める。水俣病は「対岸の火事」で、一次研究班の医師が御所浦に来たことはなかった。鶴田らにとって驚きだったのは、汚染の深刻さであった。鶴田らの検診で、汚染地域外とされていた御所浦から一人、また一人と認定患者が出るようになった。「社会医学研究会」はその後「地域医療研究会」に引き継がれ、多くの医学生たちが御所浦に渡った。

神経内科医である鶴田は患者の診察の経験から、これまでの水俣病像に疑問を持ち始める。主要な症状である四肢末端優位の感覚障害が末梢《まつしょう》神経障害とされているが、果たしてそうか。末梢ではなくむしろ中枢神経障害と考えれば症状の説明がつくことを論文で発表した。また、水俣病では症状が変動することがしばしば指摘され、それが「ニセ患者」と呼ばれる一因ともなっている。鶴田は「高次脳機能障害」とすれば説明がつくというのだ。意識すると普段はできる動作もできなくなってしまうのが、この「高次脳機能障害」だ。水俣病の初期の研究論文にはこれらを指摘した記載があるという。

宮崎市の民間病院長でもある鶴田は、今も水俣病患者の診察と対照地区の研究を続けている。ずっと手弁当である。

母校でもある熊本大学医学部には功罪もあると言う。初期のころ、困難な状況で原因の究明などよくやったが、その後は疫学的な視点を欠き、解明を継続しなかったと批判的である。鶴田の先輩たちが診察室だけで診断し、現地に足を運ばなかったことが批判されるが、鶴田は苦笑いする。「原田正純先生のように現地に出向く医者が実は特殊なんですよ。先生の真似はできないけど、影響は受けましたね」

若い時に一緒に御所浦に行った仲間が、今、いろいろな病院で責任者になっている。ある病院では若い研修医をホームレスの所に連れて行って話を聞かせることを課しているのだという。鶴田は「若い時に社会の底辺での現場体験をすることを水俣の体験から学んだのでは」と思っている。

分かっていないことは分かっていない。それが基本と鶴田は言う。その上で、水俣病は少しずつだが分かりつつある面もある、と思う。あまり肩肘張らないのが鶴田流だ。「認定医学から離れて、水俣病の病像論をどう確立するか」。鶴田のこれからのテーマだ。

■人・ひと⑦ 緒方剛（茨城県古河保健所長）

茨城県古河市の古河保健所長の緒方剛は、官僚として水俣病とのかかわりをスタートさせた。

父親が建設省から熊本県に出向していた関係で小学四年まで熊本市で過ごした。東京大学医学部を卒業後、一九八三年に厚生省に入り、八五年に環境庁特殊疾病対策室、同年九月に熊本県に出向となり、県公害審査室長となった。

「水俣のことを毎日意識するわけではないが、水俣の経験がベーシックにある」と緒方は言う。

緒方は「日本疫学会ニュースレター」（第三八号、二〇一一年一〇月一五日）に書いている。

「私は熊本県に派遣され、政府の「正しい」考え方を構築、主張する任務を負い、患者団体の批判を受けながら遂行しました。老いた過去の専門家たちは、法廷で厳しい追及を受けました。長期の争議の末に多様な健康被害が認定され、国は謝罪や償いをせざるを得なくなりました。私自身振り返って、国の疫学的主張に未解明の点があることを認めざるを得ませんでした」

淡々とした記述だが、ここには、官僚としての緒方の率直な反省が書かれている。

緒方は熊本の後、岩手県の環境保健部長などを務めたが、だんだん、「官僚のムラ社会、医系技官のムラ社会」に疑問を持つようになっていく。一方で、「で、自分はどうしたいのか」。そんな自問も始まった。医系技官とは緒方のように、医者で公務員になった者をいい、異動なども通常の事務官とは別枠であった。

緒方が語った印象的な言葉があった。それは「市町村より県、県より国が偉いとは思わなくなりました」というものであった。結局、緒方は技官を辞め、茨城県に移り、保健所の第一線に立った。

緒方なりのけじめだったが、ここで緒方は茨城県神栖《かみす》町で起きた井戸水飲用による住民のヒ素中毒事件に直面する。地元大学病院から保健所に寄せられた一報から表面化した。旧日本軍の毒ガス成分が原因ではないかとみられたが、決め手はなかった。「水俣病と似ている」と思った緒方は、「行政がどう対応すべきか、基本は住民の利益の優先だ」と判断し、井戸水の分析、健康調査、救済に向けた国との交渉などに取り組み、三カ月ほどで事件の終息に道筋をつけたのだった。

次に緒方が向き合ったのが、東日本大震災と東京電力福島第一原発事故だ。

当時、茨城県筑西保健所長だった緒方は、放射線をめぐる議論に危うさを感じた。

「日本は、国際放射線防護委員会（ＩＣＲＰ）の勧告に従い、平常時は年間一ミリシーベルトを基準にし五・二ミリシーベルト以上は管理区域として規制してきた。しかし事故を境に原子力安全・保安院（現・原子力規制委員会）が「一〇〇ミリシーベルト以下なら健康に影響はない」と強調し始めた。厚労省は母親向けにパンフレットを出して「心配ない」とＰＲし始めた。確かに一〇〇ミリシーベルトを超えると、がんが〇・五％の確率で発症するというのは原爆やチェルノブイリで分かってきた。だが、それ以下は「心配ない」ではなく、「データがなく分からない」というのが正しいんです。大事なことは、分かっていることと分かっていないことをきちんと伝えることです」

緒方は医学や公衆衛生の関係者らのホームページで独自の情報発信を始め、注目されることになった。

「官」の世界にいただけに実感できることがある。それは「行政、政治、企業などの総体が、ある特定の人、グループを否定しにかかる構造」である。

「意識しない意思、無関心の積み重ね」。水俣病六〇年の歴史もそうしたことの結果ではなかったか、そんな思いもある緒方だ。

今、緒方は予防原則の大切さを強調する。「絶対大丈夫はあり得ない。とすれば、ここまでは分かっている、ここからは分かっていないとし、分かっていないなかで、できうる最大限の措置を取る」。そして、「人の健康や命はいったん失えば取り返しがつかない。企業は損失補償をすればいいけど健康は戻らない」。緒方が水俣病から学んだことだ。

質問を一つした。水俣病公式確認の翌年、厚生省は水俣湾の漁獲禁止にストップをかけた。緒方だったらどうするか。「当時だったらどうか、な」と言い淀んで、「今なら、やるでしょう」。そして加えた。「不知火海一帯の健康調査もやるべきだったと思う」

中央から地方に降りて、緒方が回り回って得たものは、「精神の自由」のようにも見える。その道は間違いなく水俣から始まっていた。今、自宅から車で二時間かけて古河保健所に通う日々である。

■人・ひと⑧ 緒方正人（漁師、熊本県芦北町）

二〇一五年一二月、緒方正人の姿は沖縄にあった。四泊五日の日程で、普天間、辺野古を見て回った。一人で民宿やテントに泊まり、ボートに乗って海から辺野古を見た。「これは命の問題なんだと思った。国策で命の源である海を汚す。みんながもう一度、一人の人間の立場に立ち返って、自らの心に問い掛けてほしい」

水俣、沖縄、原発……。緒方には国策への根本的な疑問がある。「地元が分断され、お金が落ち、直轄支配のようになり、危険極まりないものが置かれ、現代社会を象徴する場所となる」

水俣病被害者の運動は、少数者が切り開いてきた歴史とも言える。公式確認以降、少数の患者家族が立ち上がり、訴訟を提起。川本輝夫らは少人数で自主交渉を展開してきた。そうした歴史の上に落とせば、緒方は衆を頼まない己の闘いを一人で進めてきたと言っていいのかもしれない。

緒方は一九五三年、水俣市の北方、不知火海沿岸の芦北郡芦北町女島の網元の家に一五人きょうだいの末っ子として生まれた。父母やきょうだいも認定患者、家族ぐるみ汚染の典型でもある。緒方の水俣病との出合いは、父親の狂死だった。「いつかはこの敵《かたき》はとってやる」。父親に可愛がられた末っ子の決意だった。六歳の時の毛髪水銀値は一八二ｐｐｍあったが、それでも緒方は水俣病とは認められていなかった。

一九七五年、熊本県議会のメンバーが環境庁に陳情した際、「ニセ患者」という言葉を使った。緒方は「ニセ」という言葉が許せなかったという。「ニセ」とは存在の否定だったからだ。緒方は身をていして激しく抗議。逮捕、起訴されたことで、逆に被害者運動への腹は決まった。

以後、緒方は川本とともに運動の最前線を走り続けた。しかし、激しい行動をとり続けながら、心の深いところで、疑問がわいていく。水俣病は認定申請から始まり、検診があり、答申があり、処分がある。補償はチッソが行うべきなのに、事実上は県債という形で国と県が代行している。一方で、被害者の方はあたかも保険金の支払いを受けるようになってはいないか。制度化した水俣病と水俣病を語らない患者。何より加害者に認定を求めるという矛盾。緒方は悩み続け、関係者の間で「緒方は狂った」とうわさされたこともあった。緒方はある晩、一番悪いのはテレビだと気付いた。政治の世界からタレントの動静まで、テレビが映す世界をあたかも「現実」だと思っている自分に気付いたのだった。緒方は家からテレビを持ち出し、表でたたき割った。するとテレビはただの機械だった。緒方は言う。「お前の正体見たりって、思いましたよ」。

一九八五年、緒方は認定申請を取り下げ、申請運動から離れた。ちょうど三〇年前のことになる。

緒方の自問は続く。「人間の正体を暴く、と言ったらいいのか。一般に加害責任は追及されるけど、被害者は問われないでしょう。一般社会でもメディアでも。しかし、人間の愚かさ、危うさ、どうしようもなさ、この三つに気付くとこれは自分が引き取って考えるしかない。患者としておだてられるな、自分を生身の人間として付き合ってみよう、って。あっちとこっち、加害者チッソと被害者の私という二極構造では、人間がとらえられない」。被害者として組織されることも、ある意味の近代化ではないか。自分は何者か。そして気付いたのだった、「チッソは私だった」と。もし自分がチッソの中にいたらどうしていたか。多分、同じことをしたのではないか。それが緒方の再出発の場所となった。

緒方がこだわるのは、表現ということだ。祈りも暴力も、緒方にとっては表現である。激しかった闘争も当時の緒方なりの表現だった。

国や県、さまざまな制度に対して、「愛想が尽きた」と言ってから三〇年。緒方の問い掛けは深まる一方だが、それが孤独感を強める一面があるのは否めない。「自分の後に誰の姿も見えないという寂しさはあるが、しかしそれは孤立感ではない。全然面識のない人から声がかかることもあります」

緒方にとって、公式確認六〇年は水俣病のとらえ直しの好機だと思っている。水俣病は水俣病という病から始まったと一般には考えられている。病気として症状が出た時から始まり、それを医師たちが条件に合うかどうかを決め、補償金が出る仕組みとなる。「そうではない」と緒方は言う。水俣病は「食という存在の根源」から始まったのだ、全ての生き物、生態系の破壊から始まったのだ、と。

漁師である緒方にとって、海の汚染が進み、海が力をなくしていることが一番気になっていることだ。緒方は今、チッソの技術を使って海の再生をともにできないか、と思う。チッソの存在はずっと気になっている。二〇〇四年に水俣湾の埋め立て地で、水俣病で亡くなったすべての命への鎮魂と再生の祈り

埋め立て地から水俣湾をのぞむ．対岸に第１号患者・田中実子の家がある（2015 年 12 月，熊本日日新聞社）

をテーマにした石牟礼道子作の新作能「不知火」の奉納公演を企画した時も、緒方はチッソに協賛を求めた。会社としての取り組みは実現しなかったが、しかし個人での参加があった。海の再生へチッソも一緒になって「自然にわびを入れたい」と緒方は言う。

「水俣病は終わりようがないんです、それは生き物の命の問題なんですから」

終わりに――「再生」への一歩を

水俣病は不思議な構造をしている。通常は入り口があって、出口があるのだが、水俣病は入り口と出口が一緒なのだ。つまり「水俣病とはどんな病気か」が入り口であり、出口なのだ。

その意味では、入り口を誤ったために出口が見えなくなったのではないか。その結果が今の水俣病の現実を生んだのではないか。実態をつかむ前に、「何人、いくらか」と、紛争解決に拘泥し、しかもその線引きを医学に独占させてきたのではないか。こうした事件史からくみ取れる教訓は数多くあろう。

最初の一年間で五四人の患者が確認され、うち一七人が死亡するという事態である。今ならどうするか。一帯の健康調査がなされなかったために、その後どんな対策を打っても網の目からこぼれた被害者がでてくる。懸命の研究を続けた熊本大学医学部の研究班だが、大学として、工学系・理学系研究者の参加が直接あれば原因究明はもっと違った形になったのではないか。関係者が現場に出ていくことの大切さも教えている。

チッソにしても、最初のころに排水対策を講じていれば、補償にこれほどの費用と時間を必要としただろうか。しかし、問題はこれから、である。さまざまな人たちが水俣を訪れ、研修できるような施設を造り、「ともに考える」ということで「再生」への一歩を踏み出せないものか。

水俣病の事件史は、やるべきことをしてこなかった、不作為の積み重ねである。例えば、田中実子という一人の被害者を前にして、私たちが何をしなければならないか、自らに一つ一つ問い掛けることから、水俣病六〇年という年に当たりたいと思う。遅くはなったが、完全な手遅れではない。

水俣病は私たちの未来への大切な「財産」である。

参照・引用文献

有馬澄雄「細川一論ノート」季刊『暗河』一九七三年二号、一九七四年五号
石牟礼道子『苦海浄土——わが水俣病』講談社、一九六九年
石牟礼道子編『水俣病闘争　わが死民』現代評論社、一九七二年(新版、創土社、二〇〇五年)
NHK取材班『戦後五〇年　その時日本は』第三巻「チッソ・水俣、工場技術者たちの告白」NHK出版、一九九五年
遠藤典子『原子力損害賠償制度の研究』岩波書店、二〇一三年
岡本達明『水俣病の民衆史』第一巻〜第六巻、日本評論社、二〇一五年
川本輝夫著、久保田好生他編『水俣病誌』世織書房、二〇〇六年
熊本大学医学部一〇年後の水俣病研究班『報告書　一〇年後の水俣病に関する疫学的、臨床医学的ならびに病理学的研究(初年度)』一九七二年
熊本大学医学部一〇年後の水俣病研究班『報告書　一〇年後の水俣病に関する疫学的、臨床医学的ならびに病理学的研究(第二年度)』一九七三年
熊本学園大学水俣学研究センター、熊本日日新聞社編『原田正純追悼集　この道を——水俣から』熊本日日新聞社、二〇一二年
熊本日日新聞社編集局編『報道写真集　水俣病五〇年』熊本日日新聞社、二〇〇六年
『公害研究』第二一巻第三号、岩波書店、一九九二年
財団法人日本公衆衛生協会『環境保健レポート』第三二号、一九七四年
高峰武「封印された報告書」水俣病研究会編『水俣病研究』第三号、弦書房、二〇〇四年
高峰武『水俣病小史　増補第三版』熊本日日新聞社、二〇一三年
椿忠雄『神経学とともに歩んだ道』第一集、一九八八年
『日本合成化学工業株式会社五十年史』日本合成化学工業株式会社、一九七九年
橋本道夫『水俣病の悲劇を繰り返さないために』中央法規出版、二〇〇〇年
原田正純・花田昌宣編『水俣学講義』第一集〜第五集、日本評論社、二〇〇四年〜二〇一二年
原田正純『宝子たち——胎児性水俣病に学んだ五〇年』弦書房、二〇〇九年
本田啓吉先生遺稿・追悼文集刊行委員会『本田啓吉先生遺稿・追悼文集』創想社、二〇〇七年
水俣病研究会編『認定制度への挑戦——水俣病にたいするチッソ・行政・医学の責任』水俣病を告発する会、一九七二年
水俣病研究会編『水俣病事件資料集』上・下巻、葦書房、一九九六年

さらに水俣病事件を知るために

■書籍（〝四銃士〟関連と独自の視点のものにとどめる）

『石牟礼道子全集　不知火』全一七巻、別巻一、藤原書店

『苦海浄土――わが水俣病』講談社文庫、など著書は多いが、全集で多方面にわたる思考が分かる。

『石牟礼道子全句集』藤原書店

『宇井純セレクション』全三巻、新泉社

宇井純が亡くなってから、遺稿を集めた。

『水俣事件　桑原史成写真集』藤原書店

写真展「不知火海」とともに土門拳賞を受賞した、長い歴史の作品群。

原田正純他編『水俣学講義』第一集―第五集、日本評論社

二〇〇二年に熊本学園大学で始まった「水俣学講義」の記録。

熊本学園大学水俣学研究センター・熊本日日新聞社編著『原田正純追悼集　この道を――水俣から』熊本日日新聞社

ＮＨＫ番組「一〇〇年インタビュー」ＤＶＤ付。

富樫貞夫『水俣病事件と法』石風社

水俣病研究会代表の著者が法律的側面から見た水俣病。診断と認定の違いなどを指摘。

岡本達明『水俣病の民衆史』全六巻、日本評論社

月浦、出月、湯堂という多発地区の病気発生前から今に至る時間の細部。著者は元チッソ第一組合委員長。

■認定ＮＰＯ法人「水俣フォーラム」

全国二四都市で約一四万人が足を運んだ「水俣展」等を主催。水俣病の確認から現在までを患者遺影等で振り返る。初の熊本展を二〇一七年一一月一六日から一二月一〇日まで開催、約九六〇〇人が来館した。

東京都新宿区高田馬場一―三四―一二―四〇四

☎０３‐３２０８‐３０５１

■見学可能な施設（詳細は各ホームページ参照）

・水俣市立水俣病資料館

熊本県水俣市明神町五三

☎０９６６‐６２‐２６２１

・熊本県環境センター

熊本県水俣市明神町五五―一

☎０９６６‐６２‐２０００

・環境省国立水俣病情報センター

熊本県水俣市明神町五五―一〇

☎０９６６‐６９‐２４００

・水俣病センター相思社・水俣病歴史考証館

熊本県水俣市袋三四

☎０９６６‐６３‐５８００

・新潟県立環境と人間のふれあい館（新潟水俣病資料館）

新潟県新潟市北区前新田字新々囲乙三六四―七

☎０２５‐３８７‐１４５０

1976年12月	不作為違法確認訴訟で原告勝訴(確定).「2年間」が認定業務の不作為の目安となる
1977年 6月	検察が川本輝夫氏を傷害罪で起訴した「川本事件」で，東京高裁が公訴棄却
7月	環境庁が複数症状の組み合わせを求める「昭和52年判断条件」を通知
1978年 6月	閣議でチッソを金融支援するための県債発行を了承
1985年 8月	2次訴訟で福岡高裁判決．原告勝訴．判決は52年判断条件を「厳格に失する」と批判
1986年 3月	認定申請を棄却された4人が起こした棄却処分取り消し訴訟で，熊本地裁判決．全員を水俣病と認め，熊本，鹿児島両県知事に棄却取り消しを命じる
1987年 3月	熊本地裁で3次訴訟(第1陣)判決．国，県の責任を認める
1988年 2月	最高裁でチッソ元社長と元工場長の業務上過失致死傷罪が確定
1989年 4月	メチル水銀の環境基準を強化しようとした国際化学物質安全性計画(IPCS)に対し，環境庁が反論の研究班を組織していたことが表面化
1990年 3月	水俣湾のヘドロ処理作業が終了
9月	東京地裁が和解勧告(同様の勧告が熊本，福岡，京都の各地裁，福岡高裁で続く)．国は和解拒否
1994年 5月	吉井正澄水俣市長が水俣病犠牲者慰霊式で市長として初めて謝罪
1995年12月	政府解決策を閣議決定．国賠訴訟は関西訴訟を除いて取り下げ
2002年 9月	熊本学園大で「水俣学」開講
2004年10月	最高裁判決．国と熊本県の責任確定．感覚障害だけの水俣病を認める
2006年 1月	チッソ創立100周年
2008年 9月	新潟県議会が独自の基準で「新潟水俣病患者」と認めた人に療養手当を支給する条例案を可決
2009年 7月	水俣病特別措置法が成立
2011年 1月	チッソが事業会社を設立．社名は「JNC」
3月	水俣病不知火患者会の集団訴訟が熊本など3地裁で和解成立．水俣病出水の会など非訴訟派3団体とチッソが紛争終結の協定締結
2012年 7月	水俣病特別措置法に基づく未認定患者救済で，熊本など3県が申請受け付けを締め切る．申請者数は6万4730人に
2013年 4月	2件の認定義務付け訴訟で最高裁判決．感覚障害のみの女性を水俣病と認めた．もう1件は原告女性が逆転敗訴した控訴審判決を破棄，大阪高裁に差し戻す．県はその後，2人の女性を水俣病と認定
10月	水銀に関する水俣条約採択．天皇皇后両陛下が水俣市を訪問，患者らと面会
2014年 8月	水俣病特措法に基づく対象が3県で3万2244人
2016年10月	4月の熊本地震で延期された水俣病犠牲者慰霊式
2017年 9月	スイス・ジュネーブで水俣条約第1回締約国会議，坂本しのぶさんら参加
11月	「水俣病展2017」が熊本市の県立美術館分館で．約9600人来館

水俣病関連年表

1906年 1月	チッソの創業者野口遵が鹿児島県大口村に曾木電気設立
1908年 8月	水俣に日本窒素肥料発足(50年に新日本窒素肥料，65年にチッソと社名変更)
1932年 5月	チッソ水俣工場でアセトアルデヒドの生産開始
1954年 8月	熊本日日新聞が「水俣市茂道で猫がてんかんで全滅」と報道
1956年 5月	水俣病の公式確認
11月	熊本大学研究班が第1回報告会．原因物質として重金属，人への侵入経路は魚介類，汚染源としてチッソ水俣工場の排水が疑われる
1957年 9月	熊本県の照会に対し，厚生省が「湾内魚介類のすべてが有毒化した明らかな根拠はなく，(食品衛生法は)適用できない」と回答．
1959年 7月	チッソ付属病院の細川一院長がアセトアルデヒド廃水をネコに与える実験を始める．10月に400号が発症．熊本大学研究班が「有機水銀説」を発表
11月	不知火海沿岸漁民が総決起大会．2000人が工場に押し入り警官隊と衝突．100人以上が負傷
12月	チッソがサイクレーターを設置．チッソと水俣病患者家庭互助会が見舞金契約
1961年 8月	解剖で胎児性水俣病を初めて確認
1962年 4月	チッソ水俣工場で「安賃闘争」が始まる．市を二分する事態に
8月	熊本大学の入鹿山且朗教授が「水俣工場のアセトアルデヒド工程から塩化メチル水銀を抽出」と論文発表
1965年 5月	新潟水俣病の公式確認
1967年 6月	新潟水俣病の患者らが昭和電工に損害賠償を求めて新潟水俣病1次訴訟提起，初の公害裁判
1968年 9月	政府が水俣病を公害認定
1969年 6月	28世帯，112人がチッソに損害賠償を求め1次訴訟を提起
1970年11月	患者たちが一株株主としてチッソの株主総会に乗り込む
1971年 7月	環境庁発足
8月	川本輝夫氏らの行政不服審査で，環境庁が県の棄却処分を取り消し．「有機水銀の影響が否定できない場合は認定」と事務次官通知
9月	新潟水俣病1次訴訟の判決．原告勝訴(確定)
12月	川本輝夫氏らがチッソ本社で自主交渉を開始
1973年 3月	1次訴訟の熊本地裁判決．原告勝訴(確定)
5月	熊本大学2次研究班が研究報告．対照地区の天草郡有明町で水俣病と区別できない患者が見つかったとし，第3水俣病の可能性を指摘
7月	患者とチッソが補償協定を締結．以後，チッソが，認定された患者に1600万円〜1800万円の補償金などを支払うことに
1975年 8月	熊本県議会公害対策特別委の委員が，環境庁での陳情で「補償金目当てのニセ患者がいる」などと発言

高峰 武

1952年生．元熊本日日新聞社論説主幹．水俣病や再審免田事件などを取材．編著に『水俣病小史 増補第3版』(熊本日日新聞社)，『完全版　検証・免田事件』(現代人文社)，『検証ハンセン病史』(河出書房新社)，『生き直す 免田栄という軌跡』(弦書房)，『検証・免田事件［資料集］』(現代人文社)など．

水俣病を知っていますか　　岩波ブックレット 948

2016年4月5日　第1刷発行
2024年4月5日　第4刷発行

著　者　高《たか》峰《みね》　武《たけし》

発行者　坂本政謙

発行所　株式会社 岩波書店
〒101-8002 東京都千代田区一ツ橋 2-5-5
電話案内 03-5210-4000　営業部 03-5210-4111
https://www.iwanami.co.jp/booklet/

印刷・製本　法令印刷　　装丁　副田高行　　表紙イラスト　藤原ヒロコ

ISBN 978-4-00-270948-2　　Printed in Japan